竹材特征对层积材性能的响应及环境效益影响

刘学莘　著

化学工业出版社

·北京·

内 容 简 介

　　我国竹材资源丰富，利用好竹类资源对于实现双碳目标和乡村振兴都具有显著价值。本书以我国最多的毛竹为对象，对其结构和物理性能进行分析，力求制备轻质、高强、低碳的竹层积材，改善毛竹的尺寸稳定性和力学性能，使之适应时代需求，为相关领域提供高附加值产品。

　　本书适宜林业和家具等相关专业技术人员参考。

图书在版编目（CIP）数据

　　竹材特征对层积材性能的响应及环境效益影响/刘学莘著．—北京：化学工业出版社，2023.10
　　ISBN 978-7-122-43971-0

　　Ⅰ．①竹⋯　Ⅱ．①刘⋯　Ⅲ．①竹制品-加工-二氧化碳-排放-研究　Ⅳ．①TS959.2

　　中国国家版本馆 CIP 数据核字（2023）第 152811 号

责任编辑：邢　涛　　　　　　　　文字编辑：王　硕
责任校对：张茜越　　　　　　　　装帧设计：韩　飞

出版发行：化学工业出版社（北京市东城区青年湖南街 13 号　邮政编码 100011）
印　　装：北京科印技术咨询服务有限公司数码印刷分部
710mm×1000mm　1/16　印张 13¾　字数 208 千字
2023 年 11 月北京第 1 版第 1 次印刷

购书咨询：010-64518888　　　　　　售后服务：010-64518899
网　　址：http://www.cip.com.cn
凡购买本书，如有缺损质量问题，本社销售中心负责调换。

定　　价：128.00 元　　　　　　　　　　　　版权所有　违者必究

前　言

我国竹子资源种类、竹林蓄积量和竹材产量均占世界首位。目前，我国有竹林面积约 600 万 hm^2，占世界竹林总面积的 1/3，其中毛竹林面积约为 443 万 hm^2，占竹林面积的 74%。福建省的竹类资源占有量位居全国各省（自治区、直辖市）第一位，其中毛竹是福建省最主要的经济竹种，对其有效利用具有重要的战略意义。本书以福建产毛竹为原料，研究一种轻质、高强、低碳、多功能的竹基复合材料并探索其胶合强度促进机制以及产品制造过程中的环境效应，以期为各种新型竹制品的开发利用、促进"以竹代木"、节约森林资源和促进"百姓富、生态美"的"新福建"建设提供理论和实践依据。本书主要介绍如下内容。

（1）为探究毛竹生长规律，指导对其高效科学利用，以去竹青、竹黄后的弦向毛竹（*Phyllostachys edulis*）竹条为研究对象，对不同年份（0.5 年、1 年、3 年、5 年、7 年、9 年生），不同高度（离地 1m、2m、3m、4m、5m）的竹材力学性能、表面接触角、化学成分测试分析表明：离地高度对竹材力学强度和化学组分的影响较小，而年份对二者具有显著性影响。竹节的存在会降低竹材力学性能，研究发现这是因为竹节部位由于维管束纤维呈现弯曲形态且箨环和竹隔的细胞组织穿插在纵向纤维中，使其维管束长度变短，从而强度下降。就同一高度的同一根竹材来讲，竹肉部位的接触角大于竹青肉和竹黄肉；不同高度、不同年份竹材的接触角呈不规则变化，其中 5 年生毛竹的竹肉、竹青肉和竹黄肉的差异性相对较小，材性相对更稳定。研究表明，当采用毛竹作为复合材料用基材时，其在 3～5 年竹龄，离地高 3m 条件下取样具有较好的理化性能优势。

（2）为改善毛竹的尺寸稳定性和力学性能，分别采用冻融循环和高温热处理法对 5 年生、离地高 3m 弦向毛竹条进行预处理。以表面接触角、吸水性、吸湿膨胀率为指标，经响应面分析法得到冻融循环预处理的优化工艺和高温预处理优化工艺。相比冻融循环预处理，尽管高温预处理后竹材的润湿性下降，但其尺寸稳定性和制品力学性能（MOR、MOE）明显优于冻融循环预处理。SEM 和 XRD 分析表明，冻融循环预处理破坏了竹材细胞壁结构，其相对结晶度降低了 3.53％；高温预处理竹材内部化学成分发生结构重组，产生重结晶现象并析出，细胞腔缩小变形，密度略有增加。

（3）为制备轻质、高强、低碳的竹层积材产品，以经过优化工艺高温预处理后 5 年生、离地高 3m 弦向毛竹条为材料，探讨其制造工艺优化方案以及胶合界面促进机制。研究发现，胶合界面形式对竹条层积材的力学性能无显著影响，有无竹节对制品抗弯强度、弹性模量以及抗拉强度有显著影响。试验发现，若相邻竹条竹节间错位 3～10mm，可使竹条获得更高的力学性能；采用侧面微孔工艺可以提高竹层积材横纵向强度。

（4）为探究新型竹层积材生产制造过程中的环境效应，进一步优化其生产工艺路线，为其产品销售提高国际话语权，利用 GABI6.0 LCA 软件、CML2016 评价方法，以竹层积材原料运输到成品入库为边界范围，对中试制造 1m³ 该产品的工艺过程环境效应进行了评价。

由于本人水平有限，书中不妥之处，请读者批评指正。

刘学莘

目 录

上[27]。从省内江河流域分布来看，闽江流域毛竹林面积最大，约占全省67％，汀江流域次之，占17％；从山系分布来看，省内毛竹主要分布在武夷山、梅花山、戴云山、鹫峰山、博平岭、太培山山脉[28]；从自然分布区来看，毛竹与亚热带常绿阔叶林、针阔混交林、针叶林混生，形成多种类型的竹木混交林，尤其是近年来，随着天然林的采伐利用，毛竹以极强的繁殖更新能力迅速占据阔叶林地，逐渐形成以毛竹为优势树种的竹木混交林。

1.1.3　竹子资源利用

竹子生长速度快，产出率较高，具有韧度高、弹性好和易割裂、易加工的特性。以往研究表明竹子的抗拉强度约高出木材 2～2.5 倍，抗弯强度约高出木材 1～2 倍。优良的特性赋予了竹子十分广泛的用途。目前竹子的应用主要包括传统原竹制品、竹基人造板、竹炭和竹醋液、竹纤维，也涉及精细化工与生物制药等领域。

1.1.3.1　传统原竹制品

传统原竹制品主要包括建筑业用的脚手架、脚手板、防护栏、窝棚架，用于植物生长的攀藤支架，传统竹楼，简易家具，竹杖、竹筷、竹签、竹席、竹编制品、竹雕刻工艺品等[28]。这些常见的生产、生活用品制造每年将消耗竹子资源 20 多万 t[29]。加工制造此类产品主要发挥原竹自身较高的强度、硬度和优异韧性以及体感温凉和易加工的特点。然而，传统原竹产品附加值低，主要为劳动密集型产品。

1.1.3.2　竹基人造板

自 20 世纪 70 年代中期后，我国竹基人造板的开发和利用迅速发展。我国先后研究开发了竹胶合板、竹层积材、竹集成材、竹地板、竹复合板、竹碎料板和竹丝复合材料 7 大类竹基复合材料[30]。尤其是随着近年来人们的环保意识逐渐增强，竹基人造板作为一种绿色材料以其独特的环保特性备受青睐[31]。

竹胶合板具有强度大、吸湿膨胀率低、使用周期长、成本低廉的特点，目前被应用于集装箱制造、建筑、装修、汽车制造等[32]，但由于其制造过程耗费人力较大、施胶量较大，目前福建省相关企业呈萎缩趋势。竹层积材的厚型结构材料主要应用于车厢底板、建筑材料等，薄型材料多为非结构材料，在福建省内多用于竹茶盘、竹灯具、竹箱盒等日用品加工制造[33]。竹集成材具有强度大、耐磨性好、纹理细腻、防滑防潮等特点，可以用于大的梁柱、支架、家具等工程结构制品，产品应用较为广泛，具有较高的附加值[34,35]。竹地板作为装饰材料，具有质地硬、韧性好、表面光洁、易擦洗、外观别致、价格低廉的特点。但生产、制造竹地板时，对竹材利用率仅有16%，且加工工艺复杂[36]。竹复合板是主要以竹材为基材，再与杉木、杨木、塑料等其他材料复合，经特定加工工艺生产的竹材复合人造板。目前已经开发了竹木复合集装箱底板、船用空心脚手板、竹木复合地板等产品，有较理想的市场需求[37,38]。竹碎料板是利用竹材加工剩余物与小径竹材、枝丫材为原料，加工成碎料后经过干燥、施胶、铺装和热压制成的竹基人造板[39]。竹碎料板由于表面装饰性差，力学性能难以达到结构材料要求，目前市场占有率较低。近年来，学术界有研究者在其中掺入木材或增强纤维等以提高其力学性能，使其达到木质刨花板的强度，但无价格优势[40]。竹丝复合材料中，目前市场占有量最大的当数重组竹，这一材料是以竹束为单元，按照顺纹组坯、胶合、热压而成的板、方材[41,42]。目前，重组竹广泛应用于室内外地板、家具、装饰装修、建筑结构材料等，有着良好的市场前景。如今，在福建竹制品加工产业中，重组竹与竹集成材、竹集装箱地板占据主要位置，并呈现三足鼎立的局面[43,44]。

1.1.3.3　竹炭和竹醋液

竹炭和竹醋液是利用化学办法提高竹材附加值的有利途径，其中竹炭是竹材热解后的固态产物，而液体产品则是竹醋液。这两种材料目前可应用于农业领域，提高植物发芽率，杀菌、防虫，促进植物生长；用于生活领域，除臭、防虫、防菌、调节温度和湿度；在化工领域，竹醋液还可以作为化工提纯和有机物合成的基本原料，例如用于防腐剂、飞机轮胎添加剂、合成沥青、溶解性焦油等；在医药卫生领域，竹醋液可以作为芳香剂、熏蒸剂、防腐剂、抗菌剂、防虫剂等，竹炭可以用于做针织品的填充物，如用于枕头、床垫、坐垫等；在环境保护领域，开发竹炭人造板可有效减少建筑残材污染物的增量，竹醋可以用于污水处理；在材料领域，竹炭可以制成各种复合材料，如竹炭陶瓷多孔体、可降解材料、墙体填充材料、隔声板、地下管道材料、竹炭纤维服装材料、陶瓷材料等[45]。

1.1.3.4 竹纤维

竹纤维是竹材的主要组成成分之一，约占整个竹秆的30%。竹纤维成分不仅赋予竹材强韧的力学性能，同时还有着丰富的利用价值。近年来，对竹纤维的利用主要集中在造纸、纺织和开发增强材料等方面[46]。竹纤维造纸工艺在我国起步较晚，曾经一度掀起竹浆造纸的热潮，但近几年来发展较为缓慢，比较有代表性的如福建恒安纸业[47]。另外，竹纤维作为近年来开发出的体感清凉型可再生纤维，除了具备纺织纤维的特点之外，还具备较好的吸水性、透气性、耐磨性、染色性、抗紫外线能力以及抗菌、保健能力。竹纤维还可以与其他化纤材料（涤纶、腈纶）以及棉、亚麻、羊毛等材料混纺，制造各种垂度好的服装和家纺材料。在新型轻质高强建筑材料领域，竹纤维还可以与聚酯、环氧树脂、酚醛树脂、聚氯乙烯、聚苯乙烯、聚丙烯等混合以制备竹纤维增强材料，有着良好的应用前景[48]。

1.1.3.5 精细化工与生物制药

由于竹子提取物中含有三萜类、黄酮类、酚类化学物质，具有抗氧化作用以及清除自由基、抗菌、退色素的作用，因此可以应用于护发素，保湿护肤品，美白、洁肤产品等化妆品。王承等[49]经研究还发现竹子提取物对大鼠细胞膜钙通道内流、外溢以及心肌缺血产生影响，在医药和保健食品领域有着广阔前景。近期，药理学研究发现竹子提取物中的竹叶黄酮具有抗整体动物缺氧的作用，能有效扩张冠脉血管、增加冠脉流量，增加心肌收缩力、明显改善心肌缺血并缩小心肌梗死范围，降低血小板聚集程度、有效抑制凝血和血栓形成，对于开发心脑血管保健品和药物有积极作用。另外，竹子提取物中的茶多酚、多糖等成分还具有促进创伤愈合、降血压、降血脂、解毒、减轻疲劳的功效。竹子提取物中还含有人体必需的 16 种氨基酸，对治疗胃溃疡有作用[50]。

毛竹作为福建省资源最为丰富的竹类，其加工利用也包括初级加工和精深加工。初级加工产品的附加值较低，成品和半成品占地面积和运输量大，成本较高，如竹编、初级纸浆、清水笋、原竹秆等[51]；竹子资源的精深加工产品则主要包括各类竹质人造板、建材、家具、乐器、竹炭、日用品、医疗卫生产品、酒水以及各类食品等[52,53]。此外，毛竹的加工剩余物还可以用于栽培木耳、制造刨花板[54,55]。毛竹的竹叶中可以提取黄酮、多糖、芳香水等化学品，用于制药和食品添加剂。在以上毛竹产品中，各类竹质人造板以及由此发展的下游产品（竹家具、竹工艺品、竹具等）对毛竹的利用率最大，经济价值最高[56-57]，且能够较好带动当地农民就业、脱贫致富，推动当地经济发展[58]。因此利用福建省最为丰富的毛竹资源研究开发各类新型人造板等高附加值产品具有鲜明的地域特色、经济价值和战略意义。

1.2 国内外相关研究进展及存在问题

1.2.1 竹材材性研究

目前国内外关于竹材材性的研究主要集中在竹子的解剖构造、物理性质（包括：密度、含水率、渗透性、吸水性、干缩性）、力学性能以及化学性质等。

1.2.1.1 解剖构造

在解剖构造方面，研究发现竹材与木材差异极大，竹材是由竹节和节间构成，竹秆的外部为竹青，覆盖着蜡质，由多层表皮细胞构成，竹秆的内部为竹肉，由无数轴向细胞构成。张宏健等[59]研究发现竹材的解剖构造与其物理性质及力学性能关系密切。竹子的轴向细胞可分为作为基质、薄壁的基体组织细胞和由维管束组成、包络于基体组织细胞的厚壁疏导组织细胞构成。Navin Chand 等[60]研究发现，维管束是由韧皮组织构成，每一层韧皮组织都是由若干层支柱纤维构成，支柱纤维里的微纤维呈螺旋状排列，并保持一定角度排列。Parameswaran 等[61] 研究发现 0.2～0.04μm 的厚薄层之间，微纤丝呈 30°～40°上升趋势走向，并且呈现 S 形排列，在特定的区域出现 V 形。Grosser 等[62] 对亚洲 52 种竹材的维管束形态、排列等研究后，将竹材的横切面维管束分为 4 个区域，并将维管束分为 4 种类型，以此鉴别竹种。在此基础上，中国林科院[63] 对 71 种国产竹材的外、中、内部的维管束等结构特征进行了系统分析，并制定出特征检索表，为我国竹材资源的分类鉴别提供重要参考。周芳纯[64] 以竹壁厚度和竹秆高度为变量，分析 33 种竹材的维管束组织比量的变化规律。Kiyoshi Suzuki 等[65] 利用显微技术对不同竹龄日本罗汉竹的细胞壁空间结构进行了研究，为制浆造纸技术的优化提升提供参考。近年来，杨淑敏等[66] 以 6 种散生、丛生和混生竹材为例，对其解剖构造进行了对比和定量研究，得到了 6 种竹材的维管束密度、维管束径向和弦向的长度以及径弦向长度比的区间范围，不同竹种之间的维管束、组织比量、细胞壁厚和腔径的差异以及纤维、薄壁组织、疏导组织、细胞腔径等在竹壁厚度上的变化规律。

1.2.1.2　物理性质

（1）密度

竹材的密度与纤维含量、细胞壁的厚度等因素息息相关。Nordahlia 等[67] 研究发现竹材密度大小取决于组织比量的多少，而非维管束的密度。近年来对竹材密度的研究包括生材密度、气干和绝干密度，以及不同高度、不同年份、不同部位、不同生长地点对竹材密度的影响。张闻博和 Abd. Latif 等[68,69] 发现竹材从根部到梢部随着纤维含量的增加、维管束的增大，其密度呈逐渐增大的趋势，对于同一离地高度的竹材，竹青比竹黄、竹肉的密度更大，且越靠近外壁，密度越大。王朝晖等[70] 研究发现，在径向从竹青到竹肉过渡时，密度从最初直线下降至 1/3～1/2 厚度时，密度下降趋势变缓，到接近竹黄时密度再逐渐变大。从生长年份来看，毛竹竹材在 1～6 年的生长期中，随着竹龄的增加，其密度逐渐增大，在 8 年后其密度呈下降趋势。另外，雨量充分地区的竹材密度低于温度低、雨量小的地区[71]。近年来，王卿平等[72] 归纳竹材密度的测试方法。依于此方法，马灵飞等[73] 对 26 种散生竹材的密度进行了测定，丛生竹的平均密度达到 0.679g/cm³，变异范围基本在 0.440～0.881g/cm³ 之间，种间变异系数要高于其他常见禾本植物。研究发现竹材的密度对制品的力学强度产生很大影响，并呈现正相关[74-75]。Yu 等[76] 以毛竹为研究对象，发现其 MOR（抗弯强度）和 MOE（弹性模量）与竹材的气干密度基本呈线性关系规律。

（2）含水率

竹子生材的含水率与年龄、部位和季节有直接关系[77-78]。研究发现竹材的含水率随着竹龄的增加而减少，在高度方向自下而上逐渐降低，在竹材径向，竹青的含水率要低于竹肉和竹黄，雨、夏季采伐的含水率更高[79]。与木材一致，竹材的平衡含水率是指与某一地区的湿度条件达到平衡状态时竹材的含水率。在使用过程中，希望竹材的含水率保持稳定，因此需要干燥、热处理、冷冻干燥处理或者恒温恒湿等预处理[80-81]。Peralta 等[82] 发现含水率对竹材的力学性能有显著影响，随着含水率的提高，其顺纹方向的抗拉、抗压、剪切强度等呈下降趋势。

（3）渗透性

竹材的渗透性即润湿性，通常由接触角来表征。探究竹材的渗透性对探究竹制品的胶合强度有重要意义[83]。竹材的渗透性包括生材表皮，也包括竹材内部由细胞壁和细胞腔构成的表面[84]。竹材的接触角受材料含水率影响[85]。侯玲艳等[86] 对 4 个月、1 年、2 年、4 年、6 年、8 年、10 年生毛竹竹材竹肉的蒸馏水表面接触角进行了测定分析，研究发现：随着竹龄的增长，其接触角无明显变化；4 年生竹材的接触角最大，渗透性最差。陈广琪等[87] 研究发现竹材表面的自由能与木材类似，含水率的升高会增加竹材的表面润湿性。近年来，一些学者开始探究预处理对竹材表面接触角的影响，研究发现：热处理后竹材表面接触角变大，渗透性降低；热处理温度比时间的影响更显著；热处理后不同的液体在竹材表面的渗透性差异较大，要根据应用要求合理选择测试液体[88]。Godswill 等[89] 认为抽提物的增加、纤维素的降解等均对其接触角变化产生影响。汪佑宏等[90] 研究发现微波等离子处理会降低竹材表面的接触角。巫其荣等[91] 也研究发现，氧冷等离子体处理可以提高竹材的渗透性，处理后竹青、竹黄接触角降低最大，对竹肉的润湿性影响不大。冉洪等[92] 对毛竹等 4 种中国和非洲产竹材的润湿性进行了对比，研究发现不同产地竹材的表面接触角差异较大，对极性和非极性液体的渗透性差异尤其明显。

（4）吸水和干缩性

竹材是一种多孔性材料，且具有大量亲水基团，因此具有不耐潮的缺陷。受较强的干缩湿胀性影响，竹材在使用过程中会出现开裂、翘曲、变形等问题，影响制品的寿命。对竹材干缩性的研究主要集中在不同竹龄、位置，和竹材轴向、弦向、径向的干缩性差异。研究发现，竹材三个方向的干缩系数依次为：径向≈弦向＞轴向[93]。在同一高度，竹青和竹黄面在横、纵向的干缩差异较为明显，竹青面的弦向干缩率大于竹黄面[94]。钟莎等[95] 认为竹材含水率降低会导致其弦向干缩率下降、径向干缩率上升；随着密度的降低，其弦向干缩率上升、径向干缩率下降。与木材不同，竹材的干缩湿胀不受纤维饱和点影响，在含水率 25％以下其干缩湿胀性最大。吸水性和湿胀性是评价竹材尺寸稳定性的重要因素，国内外学者普遍采用以质量为变量的吸水率和以体积为变量的体积湿胀率来表征其尺寸稳定性[96-97]。张亚梅等、余立琴[98,99] 研究发现热处理可以提高竹材的尺寸稳定性；闫薇[100] 等研究发现酚醛树脂浸渍处理可以提高竹材的尺寸稳定性；吕黄飞等[101] 研究发现经过微波真空处理后竹材的干缩率随着干燥时间的延长而增大。

1.2.1.3　力学性能

竹材具有力学性能优异、劈裂性能好、易于加工的特征。研究发现竹材的抗拉强度为木材的 2 倍，抗压强度高于木材 10％左右，同等质量竹材的抗压强度为钢材的 3～4 倍[102]。王汉坤等[103] 研究认为竹材的力学强度随着含水率的提高而降低，其中顺纹抗压强度呈现直线下降趋势，其他力学性能呈现先下降再平缓再下降的趋势，这与 Chung 等人的研究结果一致[104]。当竹材达到绝干状态时，其强度反而下降，因而在进行竹材力学测试与分析时，必须将其含水率调整到定值，以便于科学对比[105]。研究发现对于同一根竹材而言，竹青部位比竹黄、竹肉的力学性能优异，梢部比根部和中部的力学性能优异[106]。近年来对竹材的力学性能研究十分广泛，并逐渐从宏观到微观，从常态到改性处理。李光荣等[107]对湖北产 2 年、3 年、4 年、5 年、6 年、7 年生毛竹的力学性能进行测试研究发现：随着竹龄的增加，毛竹 MOR 和 MOE 呈现上升趋势，在 3 年后其力学性质趋于稳定；对于单根竹秆而言，其 MOR 和 MOE 亦随着维管束的增加呈现上升趋势。高洪一等[108]对江西生 1 年、3 年、5 年毛竹竹材的抗拉强度和弹性模量进行测试发现，随着竹龄的增加，节间抗拉强度逐渐增大，而对竹节处的影响不大，毛竹竹材节间和竹节处的最大抗拉强度分别可以达到 191.23MPa 和 86.05MPa。蔡如胜、汪佑宏等[109,110]研究了不同生长条件对竹材力学性能的影响，结果表明坡向不同会引起竹材的力学性能差异，生长地的海拔高度对竹材的顺纹抗压强度、剪切强度有较大影响。廉超等[111]对河南桂竹的抗弯、抗拉、抗剪、抗压性能进行研究，发现其力学性能优异，明显优于马尾松、杉木等木材。俞友明、刘力等[112-113]对苦竹的力学强度进行测试分析表明，竹龄对苦竹的力学性能影响较大，木质素含量对竹材力学性能影响呈正相关，而热水抽提物含量呈负相关。谢九龙等[114]对慈竹的竹龄、高度对于力学性能的影响进行了研究；司徒春南等[115]对不同生长年份撑绿竹的力学性能进行了比较；俞友明等[116]对不同高度、不同部位红壳竹的力学性能进行了分析比较，以上竹种力学性质研究结论与毛竹类似。为了获得强度更大的竹材，张浩等[117]对竹材进行了 MMA 辐照接枝技术处理，将毛竹的抗弯弹性模量提高 28%；刘军等[118]利用生石灰处理竹笋，成材后其力学性能有显著提升；夏雨等[119]经过常压高温处理使红竹的各项力学指标得到 30%～120%不等的提升，并获得了红竹竹材最佳热处理工艺；莫珏等[120]发现高温快速热处理对竹材的顺纹抗压、抗弯强度都有明显的提升效果，但是当温度达到 250～375℃以后，其各项力学性能出现下降；李万菊等[121]利用低分子量不饱和酸溶液对竹材进行塑化处理，使其顺纹抗压强度大幅度提升；杨永前等[122]研究发现，经过炭化处理后，竹材的静曲强度和弹性模量降低；王雅梅等[123]研究发现经过防腐剂 ACQ 和 CuAz 等处理后，竹材的 MOR 和 MOE 没有明显降低。21 世纪以来，对竹材力学性能的研究逐渐向细胞力学等微观层次发展。刘苍伟等[124]研究发现 4.5

年生成熟材的微纤丝角最小为 8.43°，其细胞力学性能最好，微纤丝角与竹材力学性能呈现负相关，这与国外学者 Cave 和 Walker 等人的研究结果一致[125]。

1.2.1.4 化学性质

对竹材化学性质的研究包括化学成分分析、用 FTIR 红外光谱分析其官能团、用 XRD 分析其结晶度等。2006 年江泽慧等[126] 对不同竹龄、不同高度、不同部位（竹青、竹肉、竹黄）竹材的化学成分进行了研究，结果表明综纤维素、α-纤维素和木质素含量与竹龄的关系不大，半纤维素随着竹龄的增加而增加，抽提物则随着竹龄的增加而减少；对于一根竹秆来讲，随着高度的升高，其木质素含量变化不大，抽提物含量减小，α-纤维素逐渐增加；在径向上从竹青到竹黄，α-纤维素、半纤维素、抽提物都有增加趋势，这与 Higuehi[127] 的研究结果一致。侯玲艳等[128] 在此基础上对从 4 个月到 10 年生毛竹竹材的化学成分分析表明，约 2 年生毛竹的综纤维素含量达到最低，在 2 年以后，随着毛竹的生长，其综纤维素、α-纤维素和木质素随着竹龄的增加有缓慢上升趋势，在 8 年至 10 年期间，综纤维素、α-纤维素和木质素略有降低。徐振国等[129] 认为与之前研究之间的略微差异可能是由竹材试件的取样地点（如区域、土壤、立地条件等）不同所导致。此外，国内外学者利用傅里叶变换红外光谱分析法分析了竹材竹青、竹肉、竹黄的官能团，研究发现在径向上竹材不同部位的红外光谱吸收强度基本趋于一致，均以碳氢键（C—H）、碳氧键（C—O）为主，竹肉表面的羟基（—OH）、甲基（—CH$_3$）与亚甲基（—CH$_2$）等官能团数量多，同时其氧化硅（—SiO）基团减少，因此竹肉比竹青、竹黄具有更良好的胶合性能，适合开发竹基胶合材料[130-131]。类似地，近年来董荣莹等[132] 对紫竹化学成分进行了测试分析，杨英、林金国等[133-134] 对麻竹竹材化学成分进行了测试分析，这些竹材的各成分含量与毛竹存在明显差异。

综上所述，对竹材的材性研究仍存在如下问题：

第一，目前对毛竹力学性质、化学成分等材性方面的研究中，其试材多采自浙江、安徽等地，福建省的毛竹资源最为丰富但对其材性的系统研究未见报道。另外，国内外众多学者对毛竹材性的研究既有继承、统一的观点，也有一些研究结论存在细微偏差而有待于进一步验证和探索。

第二，对竹材尤其是毛竹的材性研究仍有待于深化和细化，具体如下：①在探讨竹材力学性质时，"竹节"对其力学性质的影响以及各种力学性能测试后断口破坏形式与其解剖构造的关系均鲜有报道；②在以生长高度为变量探究竹材理化性质时，多从顶部、基部和中部大跨度3点取样，系统性和全面性仍有待于提升；③由于竹材是一种非均匀性材料，对竹肉来讲，越靠近竹青其维管束密度越大，反之靠近竹黄则其维管束密度低，然而目前在以不同部位为变量时，多以外层、内层和中层为研究对象，对竹肉缺乏对其径向上靠近竹青或竹黄部位的细化研究。

1.2.2 竹材预处理研究

为了改善竹材吸水性强、变异性大、尺寸稳定性差、易发霉腐朽的问题，国内外学者采用了大量预处理方法对其改性。预处理的主要目的是使竹材表面的吸水性基团减少，通过改性使其表面形成疏水性基团[135]。另外由于竹材纤维具有高结晶度的特点，木质素凝结不如木材的灵活，使竹材表现出弹性差、均匀性差等特征，因此通过酸碱处理改变竹材的结晶度和化学成分也是当下流行的预处理手段[136-138]。目前竹材的预处理方法可以分为物理和化学处理两种，其中物理方法包括：高温热处理、中低温热处理、蒸汽处理、水热处理、冻融处理、微波处理、超声处理、辐照处理、射频处理；化学处理方法包括：酸化、碱化、酯化、防腐处理、浸渍胶黏剂处理、等离子处理等。

1.2.2.1 物理处理

牛帅红[139]对竹材进行了水热处理，研究发现，随着处理温度的升高，竹材的纤维素、半纤维素逐渐减少，FTIR分析发现其羟基和羰基的吸收峰减弱，纤维素无定型区的羟基减少，从而可以提高竹材的尺寸稳定性，在120～160℃水热处理时，其弦向弹性模量出现先下降再保持稳定再下降的三阶趋势。宋路路等[140]以饱和蒸汽为介质对6年生毛竹进行热处理发现：热处理温度越高，竹材的收缩率越大；热处理温度和时间对静曲强度、弹性模量产生不同程度的影响，在 140℃ 热处理时，静曲强度和弹性模量随着处理时间的延长而增大，在处理 30min 时静曲强度达到最大值 196.6MPa，弹性模量的最大值达到 14143MPa，而当继续升温至 180℃ 时，静曲强度和弹性模量要比 140℃ 和 160℃ 有所下降，并认为可能是由于高温处理可以使竹材产生乙酸和甲醛，加速竹材化学成分的降解，从而影响其力学强度[141]。对此，Alen 等[142] 也研究证明在 180℃ 饱和蒸汽处理条件下，竹材的多糖醛酸发生降解，从而使半纤维素失去了在细胞壁中的黏连作用，纤维素的结晶度降低，且在热力作用下容易形成醚键，木质素在高温时容易发生降解，这与 Awoyemi 等[143] 对木材的研究结论相似。

汤颖等[144] 分别采用 160℃、180℃、200℃ 对竹材进行热处理，时间变量为 2h、4h、6h，研究发现随着热处理时间的延长和温度的升高，竹材综纤维素的含量不断下降，α-纤维素在 160～180℃ 处理期间质量分数下降不明显，在 180℃ 以上时 α-纤维素的质量分数急剧下降，相反木质素的质量分数与热处理时间和温度呈正相关。对于以上现象的原因，Windeisen 等[145] 人认为综纤维素的糖类物质在热作用下裂解，纤维素和半纤维素发生降解，凸显了木质素的质量分数升高，实际上木质素在高温作用下也发生降解，形成木酚素，增强了竹材的耐腐性[146]。张亚梅[147] 以毛竹为研究对象，热处理温度水平为 100℃、120℃、140℃、160℃、180℃、200℃ 和 220℃，热处理时间水平为 1h、2h、3h、4h，研究发现热处理温度对竹材化学成分含量有显著影响，热处理时间对 α-纤维素含量影响显著。当热处理温度低于 180℃ 时，综纤维素和 α-纤维素的含量与未处理材相比差异不大，当温度低于 160℃ 时综纤维素的含量反而有少量增加，这与汤颖的研究结果有一定偏差。对竹材热处理前后力学性能变化研究发现，热处理温度比时间对竹材性能的影响更加显著，其性能的转化点为 180℃：当热处理温度低于 180℃ 时，随着处理温度的升高和处理时间的延长，竹材的静曲强度和弹性模量亦有所提高；在 180℃ 以上时，两者急剧下降，这与牛帅红的研究结果有所偏差，可能是由于牛帅红采用水热处理，加剧细胞壁纤维素水解。林勇等[148] 人以 6 年生毛竹为研究对象，研究发现随着温度的升高，在 140℃ 开始竹材的静曲强度就出现逐渐下降趋势，当热处理温度达到 200℃并处理 4h 后，处理材比未处理材的静曲强度下降 30.09％，弹性模量提高 13.6％，这与前述研究结果仍有较大差异。针对热处理后竹材力学性能的影响，Amy[149] 认为，当热处理温度在 140℃以下时，仅有半纤维素发生微量降解，纤维素含量几乎未发生变化，由于水分挥发在纤维饱和点以下，其静曲强度有所提升。Mihaela 等[150] 研究发现当热处理温度高于150℃时，纤维素、半纤维素和木质素开始分解，且半纤维素由于其低分子量的支链结构而最先分解，半纤维素在细胞壁中起到黏连作用，其降解失联导致竹材的力学性能下降。

除了高温处理之外，低温处理法也逐渐开始应用于竹材或者竹基复合材料的改性。吴自成[151] 将重组竹材料经蒸馏水浸泡 24h 后，再经冷冻温度−20℃，融冰温度 80℃，冷冻时间 12h，融冰时间 12h，融冰条件为干燥箱的冻融循环处理 1、3、5 次，研究发现：随着冻融循环次数的增加，重组竹的质量损失率逐渐增加，吸水膨胀率增强，尤其是在厚度方向尺寸最不稳定，处理后试件的表面出现缝隙，其静曲强度和弹性模量下降 30％以上。周吓星等[152] 对竹粉/聚丙烯发泡复合材料进行了冻融循环处理，先将试件浸水 24h，冷冻温度−40℃，融冰温度 60℃，冷冻时间为 24h，融冰时间为 24h，融冰条件为干燥箱，循环次数为 3、6、9 次，研究发现：经过冻融循环处理后，材料的密度出现略微下降，材料的弯曲强度、拉伸强度、弹性模量等力学性能出现不同程度的降低。Demir[153] 等认为植物纤维复合材料因表面具有大量的羟基、酚羟基等极性物质，分子间形成氢键或者分子内氢键，所以具有较强的亲水性和吸湿性。在冻融循环处理时，由于其内部的纤维接触水分吸湿膨胀，材料内部的孔隙增大，经过高温干燥后，在水热作用下纤维素的氢键受到破坏，半纤维素和木质素出现不同程度的降解和分子链结构重排，细胞壁的弹性下降，在水分作用下降解了竹材与胶黏剂的物理吸附，胶黏剂对细胞的黏合作用下降。尤其是随着温度的升高，材料的平衡含水率也随之提升，而在热作用下，内部水分加速蒸发，从而也加速材料的老化和开裂。

陈婷婷[154] 采用冻融循环法处理竹材以制备集装箱底板，以 2～3 年生毛竹为原料，整根竹不限位置取材，开展不同循环次数、冰冻时间、融冰时间、融冰温度的三水平四因素响应面实验，以竹条的浸胶量为评价指标，获得最佳冻融循环工艺：循环次数为 4 次，冰冻时间为 6h，融冰时间为 1.5h，融冰温度为 60℃。以此工艺对竹材进行处理，发现竹材的硬度、质量和静曲强度都有 5%～10% 不同程度的损失或降低，而其渗透性和吸水性却有明显提升；吸水性、渗透性与预处理竹材的含水率有直接关系，竹材含水率越大，其吸水性和渗透性越低。Tamrakar 等认为这可能是由于在冷冻处理时竹材组织内部产生冰晶，使内部体积膨胀，孔隙扩大，并认为试件的含水率对润胀性影响极大，从而影响冻融循环处理效果[155]。

射线处理在近年来也有一定进展，孙丰波等[156,157] 通过对 4 年生毛竹进行 ^{60}Co-γ 射线辐射处理后发现，辐射处理会导致竹材的综纤维素发生聚合或降解，并使其纤维素结晶度发生变化，引起其力学性质改变。赵丽霞[158] 以 1 年生青皮竹为研究对象，采用 80Gy 辐照处理后，木质素含量提高，纤维素含量下降，抗弯、抗压、抗剪、抗拉强度均有所下降。

在 Nair[159] 和 Wheat[160] 等人成功实现对木材进行超声处理后提升其渗透性、吸水性的基础上，黄志伟和李海涛等[161,162] 对竹材表面进行超声处理，研究发现：超声处理可以提高竹材表面的粗糙度，降低其酚醛树脂接触角，从而提高胶黏剂的渗透性；利用超声处理制备的竹层积材产品，其胶合剪切强度提升 18%；超声处理效果的影响因素按程度由大到小依次为温度、功率、时间；获得竹材的最佳超声预处理工艺为，超声温度 60℃，时间 60～90min，超声功率 1200～1400W。周明明[163] 发现超声处理对毛竹薄壁和厚壁细胞没有造成破坏，对脲醛树脂的渗透性有所提升，但对其力学性能是否改善未有论述。

1.2.2.2 化学处理

热化学处理是将热处理与化学处理联合作用，调整结晶结构对纤维的影响，从而提高竹材的性能[164]。如 Li 等人[165] 探讨了不同酸碱处理下竹材表面结构的变化。Wang 等[166] 研究发现碱处理可以使竹材结晶度减小；Rezende 等[167] 进一步研究发现利用碱液处理竹材时，随着热处理温度的提升，竹材的结晶度呈现先增加后减少的趋势。楚杰等[168-170] 以 H_2SO_4、

NaOH 为介质，分别采用 117℃和 135℃高温处理竹材，发现：热化学处理后
纤维素环状 C—O—C 不对称伸缩峰下降；碱液比酸液处理对纤维素的保留率
和木质素的去除率更优异，半纤维素的降解程度更大，在同一介质条件下，温
度越高其效果越好；在热化学处理后纤维素结晶度明显增加，在 117℃时，结
晶度出现下降，但是当温度提高至 135℃时，结晶度再次逐步提升。经过热化
学处理后，竹材衍射峰特征峰变得更高、更尖，衍射峰的衍射强度增强，002
晶面宽度变大，002 峰位向大角度方向偏移，结晶区晶粒尺寸减小，结晶区半
峰宽变小，并通过热重和 SEM 分析获得验证。赵瑞艳、付钧钧等[171,172] 比
较了经过 NaOH（15%）溶液、KOH（15%）溶液、尿素（40%）溶液、
$NH_3 \cdot H_2O$（25%）溶液和水煮处理后毛竹力学性能的变化，研究发现：与
未处理材相比，以上处理工艺使毛竹的顺纹抗压强度分别降低 34%、37%、
17%、13%、7%；使毛竹的横纹抗压强度降低 48%、42%、26%、33%、
15%。这也验证了物理热处理相比化学处理对生物质材料的力学性能的损失率
更低的观点[173]。研究发现，经过碱液处理后，竹材纤维素之间的木质素被去
除，导致竹材纤维素之间的交联程度下降，化学成分损失，最终影响竹材强
度[174]。赵章荣、傅万四等[175] 探讨了竹材经过一定浓度 $Na_2S_2O_5$ 处理再进
行高温、高压处理后力学性能的变化，研究发现经过上述工艺处理后其抗拉强
度和弹性模量均有不同程度提升。除了碱液处理外，于文吉等[176] 研究发现
竹材经过硼酸处理后，表面的抽提物溶解，经过 FTIR 测试发现羟基、羰基、
亚甲基、氧化硫基吸收峰均出现降低，由于竹材表面的硼酸有所残留，其制品
胶合强度也受到影响，但可以提高竹材的耐久性，这与 Theuenon[177] 和 Piz-
zi[178] 的观点一致。

黄慧等[179] 通过对竹材表面进行乙酰化、碱预处理乙酰化等方式，使竹
材表面的羟基被取代，形成了酯键，纤维素受到破坏，胶合性能和力学性能均
受到影响，研究证明：竹粉在经过上述两种预处理后，提高了热稳定性，而经
过月桂酰氯酯化处理后竹材的软化温度降低，在 50℃左右即可熔融。研究发
现，虽然乙酰化处理可以改变材料的部分性能，力学强度影响较小，但由于在
改性过程中会有吡啶等催化剂残留形成乙酸等副产物，限制了其使用价值[180]。

由于竹材细胞壁中含有大量糖和蛋白质等营养成分，因此极易被霉菌、变

色菌等侵害，发生腐朽[181]。研究发现：新鲜竹材在室内静置 3 个月经白腐菌和彩绒革盖菌侵染后，其质量损失高达 40%；竹材若不经过防腐处理，在户外放置 4 年后将全部腐朽；霉变时间越长，竹材的质量损失越大，力学性能下降越多[182]。为了改善这一性状，利用各种防腐剂对竹材进行浸渍和涂饰等处理也成为竹材预处理技术的研究热点。竹材的防腐处理技术主要参照木材防腐的方法，防腐剂主要有 CCA、CA、ACQ 等[183]。宋广等[184] 以等离子和微波处理为手段提高竹材的渗透性，因此提高了防腐剂的渗透率；汤宜庄等[185]利用冷热槽法和常温浸渍法对毛竹进行硼、氟化物等防腐剂处理并获得理想的防腐效果。在 Esteves[186] 和 Epmeie[187] 等成功对木材进行糠醛树脂改性以降低其平衡含水率并减小其吸水性的基础上，李万菊等[188] 利用糠醛树脂改性竹材，研究发现经处理后的竹材尺寸稳定性下降，但其力学性能有明显提升（如顺纹抗压强度提升 7.7%，抗弯弹性模量提高 20% 以上），防霉效果亦得到显著提升。

近年来，竹材等离子预处理技术也有所探讨，如前文已介绍杜官本、巫其荣等[189,190] 通过等离子处理改善了竹材的渗透性，宋广等[191] 通过微波等离子处理的手段，使竹材的渗透性达到最高水平。王洪艳等[192] 通过介质阻挡放电冷等离子体处理毛竹和巨龙竹，其表面渗透性明显提升。鲍领翔、饶久平等[193] 以炭化竹材为原料研究发现，经过等离子处理后，所制造的重组竹板材弹性模量和静曲强度分别提高了 25% 和 30% 以上，并通过扫描电镜观察到等离子处理可以提高竹材表面粗糙度。

基于以上介绍，对于各种常见物理和化学预处理手段对竹材性能的改变归纳如表 1-4 所示。综上所述，每一种预处理方法均有其各自的特点。在制备竹基人造板时，应考虑经过预处理后可以提高产品的力学性能，增加尺寸稳定性，提高胶黏剂的渗透性，又适合批量化生产，节省成本，对环境减少负担。因此，目前研究基础较好的"高温处理"和新兴的"低温处理"两种物理预处理方法均有较强的应用价值。通过查阅文献可知，目前这两种预处理工艺仍存在如下问题：

第一，对竹材在热处理后力学性能变化的研究结果存在一定差异，这可能是由于不同的热处理环境（干燥箱处理、饱和蒸汽罐处理、水热处理等）和热处理工艺（时间、温度）等造成的。鉴于竹基人造板多应用于热、冷、干、湿多变的室外环境，因此以获得产品的更高强度和尺寸稳定性为目标，更加翔实入微地探讨竹材热处理优化工艺和处理前后其理化性质的改变等问题仍有一定的研究价值与空间。

第二，尽管许多学者认为冻融循环处理有较理想的前景，并较成熟地应用于混凝土等建筑材料领域，但是目前冻融循环处理在竹材上的应用主要为利用该手段检测各类竹基复合材料（重组竹、竹粉-塑料复合材料）的耐老化性等。目前，只见陈婷婷在实验室条件下利用冻融循环预处理竹条以制备竹胶合板，其研究仍缺乏深入性，例如，缺少竹材的初含水率对冻融循环预处理的影响效果的研究。另外，研究还发现经预处理的竹条抗弯强度和弹性模量均有不同程度下降，但是其渗透性提升，吃胶量增大，而尚未报道采用该预处理方法制备的人造板其力学强度变化如何，诸如此类问题均需进一步探讨。

表 1-4　不同处理方式对竹材性能的改变

类别	条件	渗透性	尺寸稳定性	力学性能	代表学者
物理	高温	↓	↑	*	牛帅红(2016)；宋路路(2018)；汤颖(2014)
	低温(冻融循环)	↑	↑	↓	陈婷婷(2016)
	射线	↓	↑	↓	赵丽霞(2016)；孙丰波(2011)
	超声	↑	↑	↑	黄志伟(2017)
化学	碱	↓	↑	↓	楚杰(2016、2017)
	酸	↓	↑	↓	Li(2015)
	乙酰化	↓	↑	—	Ozmen(2012)
	糠醛	↓	↓	↑	Esteves(2011)；李万菊(2014)
	等离子	↑ 或 —	↑	↑	巫其荣(2017)

注：↑表示提升，↓表示下降，—表示不变，*表示有不同观点。

1.2.3　竹层积材相关研究

1.2.3.1　竹层积材的研究

目前，市场上的竹层积材包括竹篾层积材和竹束层积材。近年来，对竹层积材的研究主要涉及制备工艺、性能优化、质量影响因素等。

竹篾层积材是通过将圆竹筒纵切成竹条，再纵剖成竹篾后经编制竹帘、浸胶、烘干、组坯、热压等工序制成的竹基人造板[194]。高黎等[195]利用20～30mm宽，0.6～1.2mm厚的竹篾编成竹席，采用浸渍酚醛胶的形式平行组坯热压制成30mm厚的竹层积材，产品参照JAS标准检测，其静曲强度达180E级，弹性模量达120E级，抗剪强度达65V—55H级。江泽慧等[196]将长2.5m、宽25mm、厚1.2mm的去竹青竹篾编织成顺向竹帘，通过浸渍200g/m²酚醛树脂的工艺制备竹帘层积材，并通过将层积材利用间苯二酚树脂胶黏剂胶合制备了建筑用竹集成材，其水平剪切强度高于马尾松、桉木制造的LVL，但其弹性模量不及两者。江泽慧等[197]利用4～5年生毛竹编制24层竹帘，利用酚醛树脂浸胶工艺，按不同竹篾密度对珠帘分级，制备分级竹层积材，并对各级别竹层积材的吸水膨胀率与木材和LVL对比，研究发现，竹层积材是一种尺寸稳定性较高的材料，在顺纹、径向和弦向均有较低的湿胀率，可以用于干湿交替的环境。尽管竹帘层积材有诸多优异性能，但孙正军等[198]研究发现，竹帘编制的紧密程度、编线的质量、在竹帘组坯过程中出现较大的孔隙、操作过程的误差和精度等都会使板材内部出现不同的密度，影响竹帘层积材的强度。张晓春等[199]利用靠近竹青的竹篾和桦木旋切单板制成竹木复合层积材，采用水溶性酚醛树脂胶黏剂，热压压力为4.5MPa，热压温度为145℃，热压时间为1.2min/mm，得到的产品其抗弯强度达到220MPa，弹性模量达到20GPa，且产品的力学性能和密度正相关，经过耐老化测试，各项力学指标均可保留75%以上。黄晓东等[200]以3mm厚的毛竹竹青片为原料，利用浸渍环氧树脂胶黏剂制备了竹层积材，其顺纹抗拉强度、顺纹压缩强度、剪切强度分别达到254MPa、180MPa、21.65MPa以上，尽管其密度只有1.0～1.1g/cm³，但其力学性能已经达到风电叶片的力学要求。与之相类似，王珑等[201]也探讨了竹层积材在大型风电叶片中应用的可能。关明杰[202]以炭化毛竹为原料，采用热压温度、压力、时间和涂胶量分别为140℃、1.2MPa、15min、140g/m²的工艺制备了双层竹层积材，其胶合剪切强度达到12.6MPa。赵雪松等[203]探讨了曲面胶合层积材技术实施的可能。

刘源松等[204,205]研究发现，双层竹层积材的界面接合形式以及有无竹节对制品的胶合剪切强度有较大影响。于雪斐等[206]研究发现，以去竹青和去竹黄制备的毛竹竹层积材力学性能为最佳（见表1-5），同时密度越大其力学性能表现越好，当施胶量提高时，抗弯强度和弹性模量略微上升，24h吸水率和吸水膨胀率降低，韧性下降。黄志伟等[207]研究发现，随着面粉添量的增加，制品湿强度下降，而干强度则随着添量的增加而先升高再降低。雍成等[208-209]研究发现，通过在酚醛树脂制备的双层竹层积材中添加PVA进行柔性改性后，其干强度随着PVA的添加而增大，而湿强度随着PVA的添加而降低。之所以造成这一现象，Garcia等[210,211]认为可能是因为少量聚乙烯醇之前未形成互相缠绕，PVA分子之间存在较强的氢键，影响了水溶性，由于其内部的界面应力导致制品强度下降，因此必须对其胶合界面开展进一步研究。

表1-5 竹青、竹黄对竹条单板层积材力学性能的影响

项目	D	TSR	MOR	MOE	TS	CS	HSS
	g/cm^3	%	MPa	MPa	MPa	MPa	MPa
去竹青	1.14	0.72	174	17109	132	106	23.40
去竹黄	1.12	1.26	204	17925	193	103	24.04
去青、黄	1.12	0.70	187	17429	140	105	22.18

注：D表示密度；TSR表示24h吸水厚度膨胀率；MOR表示抗弯强度；MOE表示弹性模量；TS表示抗拉强度；CS表示抗压强度；HSS表示水平剪切强度。

竹束单板层积材（英文简称BLVL）是在传统重组竹的基础上，纤维化竹束单板经整张处理、浸胶、干燥、顺纹组坯、间歇式热压等工艺制成的竹层积材，这种材料具有较高的力学强度和尺寸稳定性，且对竹材的利用率较高[212]。李海栋等[213]通过酚醛树脂胶黏剂与白乳胶混配工艺探讨了建筑用连续式竹束单板层积材的制造方法，并认为预压工艺对后续间歇式热压质量产生重要影响，为制造连续长度BLVL创造条件，该板材制造的预压时间为15～30min，预压温度为50～60℃，热压温度150℃，热压压力为3MPa，热压时间为1min/mm，所制备的产品具有较高的力学水平。邓健超等[214]通过"冷进冷出"热压工艺制备酚醛树脂胶黏剂浸渍竹束单板层积材，研究发现竹层积材的吸湿性主要受到试验水温和自身密度的影响，水温越高，其变形越大，密度越大，尺寸稳定性越好。Wei等[215]利用竹束积材制造的矩形单轴梁抗弯强度达到60.7MPa，弹性模量达到12.6GPa。Chen等[216]研究认为竹束单板

层积材双层梁的截面抗弯强度最大可达到 112.65MPa，抗弯弹性模量最大可达到 31.57GPa，但在弯曲过程中出现了结构变形。Li 等[217] 研究发现竹层积材内部节点的位置和弯曲方向对其力学性能有显著影响，尤其是内部连接点位置对切向弯曲影响更大。

近年来，也有学者对竹束层积材的质量影响因素进行了探讨。张丹等[218] 对竹束接长方式对竹层积材力学性能影响进行了探讨，研究发现接头形式对制品的抗压和抗拉性能有显著影响，经过耐老化处理后搭接型试件的弯曲性能优异于对接型。邓健超等[219] 探讨了竹束去青程度对单板层积材性能的影响，研究表明竹束去青程度越大，竹束表面的静态接触角越小，所制备的单板层积材尺寸稳定性越好，而对干环境的抗弯强度和弹性模量、水平剪切强度影响不大。孟凡丹等[220] 研究发现浸胶量对竹束层积材的力学性能有较大影响，随着竹束浸胶量的增加，耐水性增强、水平剪切强度提高，但抗弯强度和拉伸强度降低，而对弯曲模量和抗压强度的影响不显著。张文福等[221] 认为不同的检测方法对竹束单板层积材的耐水性影响较大，并认为以 63℃水浸泡，28h 循环水煮处理方法检测板材耐水性的方法更科学。关明杰等[222] 对竹束单板层积材力学性能的均匀性进行研究发现，竹束单板层积材剖面密度曲线分布较为均匀，断面密度的变异系数要低于重组竹，且其抗弯强度、弹性模量以及水平剪切强度均高于重组竹，而吸水膨胀率和增重率低于重组竹。

1.2.3.2　其他相关竹基板材的研究

目前国内外学者对竹基板材的研究包括：组坯、（冷）热压、涂胶、界面结合、升级优化工艺等。其材料包括：竹木复合材、竹胶合板、重组竹、竹集成材等。

陈国宁等[223] 对等离子处理后的竹板与杨木单板浸胶处理后，制备顺纹和垂直纹理的三层竹木复合板，结果表明垂直纹理方向组坯的板材的胶合强度更优异，且浸渍剥离性能达到Ⅱ类胶合板要求。何文等[224] 认为表层材料的性能直接影响竹木复合材的力学性能，通过实验证明上面 4 层纵向竹帘和下面 2 层横向竹帘的组坯方式可制备具有较高静曲强度（180MPa）和弹性模量

（13.6GPa）的竹帘层积表板。武秀明[225]利用横纵交错的竹木复合材料制备集装箱底板，制品的最大静曲强度达到183MPa，最高弹性模量为14.2GPa。高黎等[226]以竹胶合、木龙骨、石膏板等为原料制备三种组坯形式的竹木复合墙板，研究发现竹木空心墙体的保温、隔音性较差，在竹胶合板覆面空心墙体内添加岩棉后其保温性能提高50%。Xiao等[227]采用"冷进冷出"的工艺对竹木复合枕木的制造工艺进行了优化研究，浸胶量为15.5%，热压时间为0.65min/mm，热压温度为170℃，其抗弯强度将达到60MPa，弹性模量达到6000MPa以上，达到了普通枕木的使用要求。近年来，也有一些学者对竹木复合材的力学性能预测展开研究，例如：Chen等[228]利用ANSYS分析法，对竹木复合材的力学性能进行了高精度的预测；Wu等[229]利用竹木复合材的表层和芯层材料特性构建其整体材料的理论弹性模型常数；刘峻等[230]还探究了竹木复合结构材无损检测的技术和方法。

胡国富[231]探讨并实现了大幅面竹片搭接组坯制备胶合板的技术。傅峰等[232]探究了组坯方式对竹帘胶合板强度的影响，研究指出相邻竹帘的厚度差越大，其制品胶合强度越高，变异性越低。张文福等[233]利用慈竹竹束单板经过酚醛树脂浸胶后"冷进冷出"的工艺，采用顺纹、90°纵横、60°-90°交错三种组坯方式制备7层，12.5mm厚的竹束单板胶合材，研究发现随着层积材组坯方式由前述顺序的变化，抗弯强度、弹性模量、顺纹抗压强度和水平剪切强度等力学指标呈递减趋势，但其连接性能却呈现增加趋势。类似地，刘学等[234]对相邻层互相垂直、两纵一横、三纵一横的三种组坯方式制备的竹帘胶合板进行了比较，结果表明组坯方式对竹帘胶合板的力学性能影响显著，其中三层纵向、一层横向相互交叉且对称结构的组坯方式制品的力学性能最佳，其MOR、MOE分别达到128.8MPa、13.3GPa。韩键等[235]人采用7种组坯方式及"冷进冷出"的热压工艺，探讨组坯方式对竹胶合板力学性能的影响，研究指出组坯方式对胶合板的力学影响显著，并发现采用一横一纵的交错结构和同为纵向的集成结构，其制品力学性能好，有较强的应用价值。

左迎峰等[236]采用响应面分析，认为密度、热压温度和热压时间对重组竹材料内结合强度的影响呈递减趋势，并研究得到重组竹制备的最佳工艺。彭亮[237]研究发现随着竹材含水率的提高，其抗弯强度和弹性模量降低，直到纤维饱和点之后，其强度趋于稳定，并认为竹材的纤维饱和点为 21.72%，这与赵雪松等[238] 等的研究结论一致。近年来对重组竹的研究主要涉及力学性能、防腐防霉和耐老化性等。魏洋等[239] 对竹胶合板、层积材和重组竹性能比较发现，目前重组竹的强度最高且稳定性好，适合做大型承载材料。李霞镇等[240] 也通过实验证明以毛竹为原料制备的重组竹材的抗拉、抗弯、抗压和抗剪切强度均高于木材。类似地，张俊珍等[241] 发现慈竹重组竹的力学性能高于落叶松等常见木材，尤其是顺纹和弦向的抗变形差异小、稳定性好。于文吉等[242] 对小径竹的密度与制备重组竹材料的静曲强度进行了分析，研究发现竹青对重组竹的内结合强度有较大影响。覃道春、张建等[243-245] 探究了多种防霉剂在重组竹上的作用效果，并进行了优化筛选，试验证明防霉剂的浓度与重组竹的吸药能力呈正相关，采用先浸渍再涂饰的办法可以获得最佳防腐效果。由于重组竹可以在干、湿、热、冷等交替的环境中使用，因此对其耐老化性能也有学者展开研究，黄小真等[246] 通过浸泡、冷冻、干燥等循环处理，探究了户外用重组竹材加速老化后的力学性能。

竹集成材也是竹基人造板材的研究热点，其研究内容与方法亦可对本论文的开展提供参考。研究发现不同组坯方式的竹集成材的力学差异很大，平压型和平侧压型竹集成材的力学性能相对较差，适合做非重型承重的板件结构，而侧压竹集成材的力学性能较为优异，适合各种受力结构[247]。在竹集成材的制造工艺方面，Nguyen 等[248] 采用酚醛树脂作为胶黏剂，探讨了其高频热压胶合技术；Anwar 等[249] 发现随着制备竹集成材热压时间的提高，酚醛树脂处理竹片的抗压缩性和抗断裂性能有所增强，通过对竹集成材进行高温热处理可以提高其尺寸稳定性和耐腐性；Sulaiman 等[250] 通过实验探讨了竹片经过热油处理后制备竹集成材的工艺，热油温度越高，其胶黏剂的断裂性越大，胶合强度受到影响；Mahdavi[251] 探讨了利用新型快速热压和添加面粉等工艺降低竹集成材成本的办法；Zheng 等[252] 探究了微波处理竹条对制备竹集成材力学性能的影响，并发现处理时间超过 10min 会导致竹条炭化，从而影响制品的强度；Rosa 等[253] 对竹集成材的胶黏剂进行了选择对比，发现三聚氰胺脲醛树脂与间二苯酚制备的胶黏剂性能更优异；Takagi 等[254] 研究发现，竹节对竹集成材的质量有较大的影响，并认为通过竹节整平技术可以获得更高水平剪切强度的竹集成材；Shanna、Sinha 以及张齐生等[255-257] 对多种竹基建筑材料的常规性能进行了比较。

综上所述，目前竹层积材的研究和应用存在如下问题：

第一，目前对竹层积材的研究主要为竹篾和竹束单板层积材，对于弦向竹条层积材的理论研究较少。前两种产品在制造过程中需要编制竹帘，尤其是竹束单板层积材需要帚化处理，在这些工艺中耗费大量人力，且在制备过程中均需浸胶处理，在热压前还需要对浸胶竹片和竹束进行干燥处理。随着我国供给侧结构改革的推进和产业升级发展需求的扩大，这种劳动密集型、高耗能、高用胶的产业和产品俨然已落后。

第二，在以往竹集成材等类似材料的研究中已发现，竹节的有无、竹条的径向部位位置对产品力学强度有较大影响，而目前在竹层积材的研究中却鲜有竹节对制品强度影响方面的介绍，对竹节间距的控制、竹材不同部位胶合界面的特征和机理的研究均未见报道。鉴于此，进一步探讨少胶、高强、工艺更优化、成本更低廉的新型结构用竹层积材制备工艺和机理已十分有必要。

1.2.4　基于 LCA 的环境效应评价研究

1.2.4.1　生命周期评价（LCA）概述

生命周期评价（life cycle assessment，LCA）是由国际环境毒理学与化学学会（Society of Environmental Toxicology and Chemistry，简称 SETAC）于1990 年首次提出，旨在通过对能源、原材料的质量消耗以及废水、废气、固体废物等的定量分析来评估一个产品或者生产过程对环境带来的负担和影响，即一个产品在其生命周期内全部的投入和产出对环境造成的潜在影响[258]。目前，该工具已经广泛应用于材料、食品、建筑、矿山、冶金、服务等多个领域，其评价的过程模型如图 1-1 所示。

① 定义目标与确定范围　生命周期评价（LCA）分析以确定研究目标和边界范围为前提，在该环节需要明确分析意图，需要确定研究范围和每个加工、服务等环节的物质流、能源流、产品流、副产品流等，其确定路线如图 1-2 所示。

② 清单分析　该环节是在边界范围之内确定每一步生产（服务）的工序

和环节的输入和输出的收集、量化和整理的过程，这其中包括：使用设备的负荷参数、原料消耗、能源消耗，以及"三废"产品等危害大气、水源和土壤的全部潜在污染物。

③ 影响评价　该环节是生命周期评价（LCA）的最重要环节，需要系统考量、计算各个生产（服务）环节所消耗和排放的物质对环境造成的影响，既可以采用定性分析，亦可采用定量表征，进行特征化处理、环境影响的贡献值分析、归一化处理等，本环节也是决定生命周期评价（LCA）成败的关键，具有较强的系统性和较大的操作难度。

④ 结果解释　该环节是对前面影响评价环节的进一步解释和说明，包括对评价结果的可信度分析、造成污染的核心因素考量，以及高污染因素的处理方案、建设建议等。

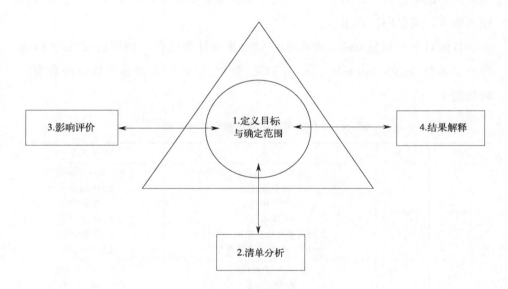

图 1-1　生命周期评价过程和技术框架

以上介绍表明，LCA 主要有如下特征：第一，系统性，即可以全面系统地考察生产或服务从原料到产品乃至废弃的全生命周期过程对环境的负荷因素；第二，透明性，即在进行生命周期评价时，其边界范围、输入和输出等需

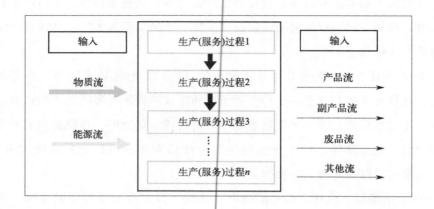

图 1-2   生命周期评价的边界范围确定路线

要公开、透明且有效；第三，灵活性，即根据需要进行合理分析，可定量与定性相结合，满足用户需求。

目前对生产和服务的生命周期评价已逐渐计算机化，国际上常见的 LCA 评价工具有 GaBi、SimaPro、KCL-ECO 等[259]，对这 3 种常见软件的性能比较如表 1-6 所示。

表 1-6   3 种生命周期评价软件性能比较[260]

软件	产地	特点	评价方法
GaBi	德国	适用于工程领域 可计算碳足迹 便于分析决策 便于定量分析 支持成本分析和阶段分析 含 1000 多个工艺数据库	Eco-indicator99 CML2001 CML2002 CML2013 CML2016 EDIP2003
SimaPro	荷兰	起步早，功能强大 数据库丰富 评价方法多样 结果直观 换算方便 方案可自由调整	Eco-indicator99 Eco-indicator95 CML2001 EDIP2003 EDIP2007 EPS2000
KCL-ECO	芬兰	为制浆造纸量身打造 适合林业政策制定 含 300 多个数据库	Eco-indicator99 DAIA98

1.2.4.2 生命周期评价（LCA）应用

20 世纪 90 年代以来，已有学者对竹木房屋、材料的生命周期展开评价。在竹木结构房屋方面，Atish 等[261] 通过对木结构房屋和其他结构房屋比较发现木结构房屋的碳排放更低，环境友好性更强；类似地，Richard 等[262] 对竹、石两种结构的生命周期比较发现，竹结构房屋的环境负荷只有石结构的1/2，并认为竹材是一种在加工、采运、加工方面均堪称低碳环保的材料；Gerfried 等[263] 也研究发现木质结构的房屋和地板要比钢筋混凝土结构对环境的负荷减少 40%。在材料研究方面，Pablo 等[264] 认为竹材的生物量较低且制品加工更方便，尤其是以圆柱形态使用时依照其强重比，其优势将是其他材料的二十几倍；Beatriz 等[265] 研究得出刨花板的生命周期数据清单，并认为其主要的环境损害因素为水污染和粉尘污染，主要来自砂光和削片刨花阶段；Silva 等[266] 研究制定了中密度碎料板的生命周期清单，重点分析了其在制造过程中热压工段的环境负荷；Rivela 等[267] 探讨了基于脲醛树脂胶黏剂制备刨花板的生命周期数据库；Vidal 等[268] 探讨了添加聚丙烯和高密度聚乙烯制备稻壳和回收棉复合板的环境混合差异；Pan 等[269] 研究了刨花板、中密度纤维板和胶合板对环境效应的不同影响，通过 LCA 软件定量分析出原料准备、热压、涂胶等工艺环节的资源消耗与环境负荷。

近年来，我国学者对竹木制品及加工环节环境效应开展研究。余翔[270]对竹集成材和竹重组材的生命周期进行了评价，研究发现：竹集成材加工过程中竹条制备过程带来的环境负荷最重，消耗电、热、水资源多且废水排放较多；重组竹材料在板坯制造阶段的环境负荷最大，整体来看，制造重组竹的环境负荷为竹集成材的 1.64 倍。胡建鹏以实验室制造环节为边界系统探讨了无胶纤维板制备的环境效应，并通过定量分析优化设计了酶合成、干燥等高能耗工艺，提出了节能降耗策略。王爱华以某竹地板厂为对象，研究发现其产品在制造过程中环境负荷依次为：生产＞运输＞使用。杨晓梦等[271]以两款竹椅的加工为例，研究发现其加工过程中板材的制造对环境的负荷最大，其次为竹束加工，使用时负荷最小。孙昆[272]探讨了竹集成材家具制造的碳足迹模型。黄东梅等[273]研究发现竹结构民宅在建造过程中的环境负荷贡献率分别为生产 52.17%＞资源采掘 30.82%＞建造 13.57%＞运输 3.42%，酚醛树脂胶黏剂对环境的负荷贡献率为 15%。代倩等[274] 进行了对建筑用集成材的生命周期评价，得出在其生产制造过程中对环境最大的影响为全球变暖，各道工序对环境的负荷值由大到小依次为：原木加工、锯材干燥、铣齿、横截、刨光、拼板。

尽管在林业工程领域 LCA 已经取得一定进展，但仍存在若干问题，例如研究缺乏可靠性、边界条件设定模糊、数据的收集缺乏科学的计算或统计、各类人造板材的生命周期评价中对胶黏剂的环境效应分析未见报道。基于以上介绍可推断，未来在本学科领域生命周期评价将朝以下方向发展：

第一，向木材加工领域更多的新材料、新产品进军，尤其是具有中国特色的竹木制品，例如竹层积材、竹刨花板的各类新型生物质复合材料，为建立健全我国特色林产品生命周期数据库提供数据支持，为其在国际市场竞争中增强话语权；

第二，提高环境效益评价的精度和深度，采用更新、更全面严谨的评价方法（CML2016），严格把关各类数据的质量，杜绝主观臆断和对加工过程随意忽略处理，使研究过程有理可依，研究结果更加精确可靠，更富应用价值。

1.3　研究内容与方法、创新点、技术路线

1.3.1　研究内容与方法

本书以福建省永安市小陶镇所产毛竹为研究对象，以制备环境友好型多功能竹层积材为目标，探究其理化性能提升机制，研究内容、方法如下。

（1）毛竹弦向竹条理化性能分析研究

以去竹青、竹黄后的弦向毛竹竹条为研究对象，对不同年份（0.5 年、1 年、3 年、5 年、7 年、9 年生）、不同高度（离地 1m、2m、3m、4m、5m）的弦向竹条节间和竹节的顺纹抗压、抗拉、抗剪、抗弯强度和弹性模量进行测试，利用方差分析年份、高度和有无竹节对毛竹弦向竹条力学性能的影响，而后利用竹材显微技术，分析四种力学测试断口部位的维管束组织比量，探究毛

竹力学性能与其微观构造的关系与机理；选取蒸馏水和酚醛树脂胶黏剂两种测试液体，分别以竹青肉、竹黄肉、竹肉三个部位为测试对象，探究年份、高度和部位对竹材表面初始与平衡接触角的影响；最后，利用造纸材料成分分析方法，探究年份、高度对毛竹纤维素、半纤维素、木质素和抽提物成分含量的影响，并利用环境扫描电镜分析不同竹龄毛竹理化性能差异的机理。

（2）预处理对毛竹弦向竹条的性能影响研究

以前期研究中性能优异（最佳年份、最佳高度）的毛竹竹材为研究对象，分别采用新兴冻融循环处理技术和高温热处理技术，对比无节和有节竹条经过预处理后性能变化，探究毛竹弦向竹条的功能性改良工艺技术及其促进机制。本部分采用并列研究法，拟先采用单因素试验（参数选定为初含水率、冷冻时间、融冰温度、融冰时间和循环次数以及初含水率、热处理时间、热处理温度）并以接触角、吸水性和湿胀性为评价指标，不含具有显著性影响的因子，并结合变化曲线进行响应面设计，响应面试验的评价指标为抗弯强度、弹性模量、接触角、吸水性和湿胀性，从而得到优化改性工艺，最后分别对采用优化冻融循环处理和高温热处理竹条制备的竹层积材与未处理材进行力学性能比较，并通过微观形貌分析其机理，确定预处理方案。

（3）新型竹层积材制备工艺研究

以前一部分研究中采用的竹材为原料，利用水溶性酚醛树脂胶黏剂涂胶工艺，探究毛竹弦向竹条横纵向力学性能增强组坯机制。本部分采用顺序研究法，先探讨青-黄、青-青、黄-黄 3 种胶合界面组坯下竹条层积材的抗弯强度和弹性模量，并通过分析其破坏形式，优化胶合界面；采用优化界面胶合方式，以无竹节竹条组坯以及有节且节间距分别为 0cm、3cm、6cm、10cm 的上下组坯方法制备竹条层积材，并通过测试其力学性能获得最佳纵向组坯竹节错位参数；采用侧向微孔技术以微孔间距、微孔直径和微孔深度为变量，经径面胶合组坯制板，测试其横纵向力学性能并与未处理件比较，以此获得最佳侧向微孔增强工艺参数；最后分别以热压温度、时间和侧向压力为变量，以 2 层、3 层、4 层平行、交叉组坯方式制备 12mm 厚新型竹层积材，通过比较制品力学性能和断面密度，拟获得最佳制备工艺。

（4）新型竹层积材环境效益评价

以采用优化工艺制备的新型竹层积材产品为研究对象，利用 GABI6.0 LCA 软件，采用 CML2016 评价方法，将产品的中试制造过程界定为生命周期评价边界系统，以 $1m^3$ 的新型竹层积材为功能单位，通过科学核算该产品制造过程中电、热、水等能源和资源消耗以及三废产品质量，以建立新型竹层积材环境效应评价模型。分析边界系统内竹层积材产品各道工序的环境负荷与环境效应评价，定量分析环境负荷特征化结果，并对其环境影响做出解释，提出若干进一步节能降耗措施。最后，通过将竹秆焚烧制备自给能源与外购燃煤能源的环境效应进行对比，进一步论证新型竹层积材产品是否具有环境友好型特征，是否值得批量化生产。

1.3.2 创新点

① 改变传统竹帘层积材、竹束层积材因编帘、浸胶等必需工序而"耗人、耗时、耗能、耗胶"的做法，开发基于涂胶工艺的性能优异、可连续生产、省时降耗的多功能、环境友好型竹层积材产品。

② 深入探讨在不同年份、不同高度多因素背景下，竹节以及不同界面对竹材、组坯层积材多项理化性能的影响，建立并完善毛竹力学性能与解剖构造的关系模型，进一步健全毛竹资源生长与利用规律理论基础。

③ 首次采用微孔处理技术以提高胶黏剂对竹板条的渗透性，从而实现不多施胶即可提升竹层积材侧向组坯强度。

④ 改变传统竹层积材整竹利用的特点，去除青、黄，以此作为产品制备的能量来源，实现场内能量平衡、自给，经济效益与环境效益双赢。同时，基于最新的 CML2016 评价方法，首次对竹层积材制备各工序的环境负荷进行分析评价。

1.3.3 技术路线

技术路线如图 1-3 所示。

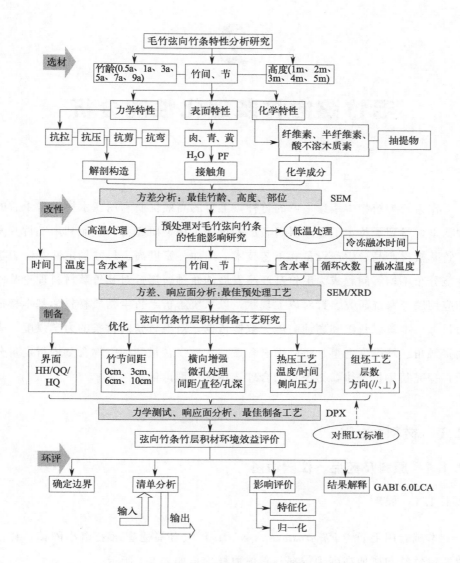

图 1-3 研究技术路线图

2

毛竹弦向竹条理化性能分析

作为竹类植物中用途最广的竹种，毛竹的高效优质利用在木材供需矛盾的现状下，得到了竹木工业和科研人员的重视。相关研究者和企业利用毛竹开发了竹基板材产品、生产设备和工艺技术。然而，密度高、尺寸稳定性差、力学性能分布不均等问题成为毛竹基产品发展的瓶颈，需针对其竹藤材料理论基础和应用展开系统研究。针对以上现状，以系统解析毛竹生物质材料学基本特征为目标，本章以竹龄和离地高度为取样依据，对毛竹弦向竹条的力学强度、表面接触角、纤维素含量、半纤维素含量、木质素含量和抽提物含量进行定量分析，探究其生长规律，为毛竹的合理选用提供理论依据。

2.1 材料和方法

2.1.1 原料及药品、仪器设备

2.1.1.1 原料

本试验用毛竹（*Phyllostachys edulis*）取自福建省永安市小陶镇，样品取样以竹龄和离地高度为依据，具体取样信息如表 2-1 所示。

表 2-1 毛竹取样信息

竹种	年份/a	取材高度/m
毛竹	0.5,1,3,5,7,9	1,2,3,4,5

2.1.1.2 药品和试剂

硝酸-氯酸钾混合液，硝酸-乙醇混合液，苯，95％乙醇，苯-乙醇混合液（2∶1，体积比），72％硫酸，1mol/L 氢氧化钠溶液，3％硫酸溶液，100g/L 氯化钡溶液，12％盐酸溶液，乙酸苯胺溶液，溴酸钠-溴化钠溶液，硫代硫酸钠标准液，10g/L 酚酞指示液，100g/L 碘化钾溶液，5g/L 淀粉指示液，氯化钠，0.1mol/L 盐酸标准液，乙酸溶液（1∶3，体积比），1g/L 甲基橙指示液，溴化钾。

2.1.1.3 仪器设备

微型植物粉碎机（型号：FZ102），40 目❶和 60 目标准铜丝网筛，分析天平，可控温烘箱，回流冷凝装置，真空吸滤装置，真空泵，索式抽提器，万用电炉，若干铁架及管子、夹子，糠醛蒸馏装置，瓷坩埚，可控温高温炉。

2.1.2 制样

选取 0.5 年、1 年、3 年、5 年、7 年和 9 年生的新鲜毛竹，分别在离地1m、2m、3m、4m 和 5m 高度处截取 20cm 长的竹筒，并进一步加工成弦向竹条，去除竹青和竹黄，置于烘箱中烘干至含水率达到 15％备用（如图 2-1 所示）。每一类试样等分为 3 组，分别用于力学强度测试、接触角测定和化学组分测定。

2.1.3 力学性能的测定

依据 GB/T 15780—1995《竹材物理力学性质试验方法》对毛竹竹节和节间的顺纹抗压强度、抗弯强度、抗弯弹性模量、顺纹抗剪强度、顺纹抗拉强度进行测定[275-277]，每类竹材样品重复测试 30 次，对比研究各类别毛竹力学性能差异，记录破坏形式并测定含水率。

---

❶ 目指每英寸筛网上的孔眼数目。

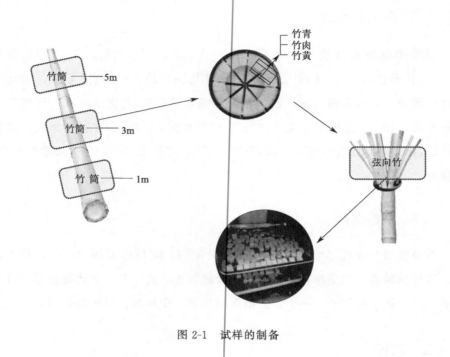

图 2-1　试样的制备

2.1.4　化学成分的测定

将烘干后的毛竹弦向竹条在植物微型粉碎机中进行粉碎，保留 40～60 目试样并封存在塑料密封袋中备用。纤维素含量的测定按照 GB/T 2677.10—1995《造纸原料综纤维素含量的测定》[278] 进行测定，酸不溶木质素含量的测定按照 GB/T 2677.8—1994《造纸原料酸不溶木素含量的测定》[279] 进行测定，聚戊糖含量的测定按照 GB/T 2677.9—1994《造纸原料多戊糖含量的测定》[280] 进行测定，苯醇抽提物含量的测定按照 GB/T 2677.6—1994《造纸原料有机溶剂抽出物含量的测定》[281] 进行测定。

2.1.5　接触角的测定

将试样加工成 30mm×20mm×5mm（长×宽×厚）的规格尺寸，含水率控制为 10%，在制样过程中需避免毛竹试样表面受到溶液或油性物质污染。

采用德国 KRUSS 仪器股份有限公司的 DSA30 接触角测量仪测量毛竹试样表面的初始接触角和稳定后的平衡接触角。分别以蒸馏水、水溶性酚醛胶黏剂（固体含量为 30%，由企业提供）为测试液，采用一次性针头进行滴定。考虑到生物质材料的结构存在差异性，为避免误差放大，每个参数选取 3 个测试样进行滴定，每个试样的滴定位置选取 3 个点，分别为靠近竹青一侧的竹肉（简称"竹青肉"）、竹肉和靠近竹黄一侧的竹肉（简称"竹黄肉"）（图 2-2）。

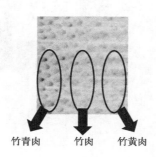

竹青肉　　　竹肉　　　竹黄肉

图 2-2　接触角测定位置图

2.1.6　组织比量的测定

选取力学性能相对较优的毛竹试样作为研究对象，在试件破坏处或附近截取试样，并进行编号，编号与力学试样编号相一致，经过软化、切片、染色、脱水、透明和树胶封固五个步骤制作切片[282-286]。在显微镜下，选用 40 倍的倍率，对竹材的横切面进行自上而下的图像拍摄，而后通过图像拼接处理得到横切面完整的显微图像（图 2-3）。在拼接好的图片上选取所有的维管束组织，记录其像素及整幅图片的像素，通过两者的像素比得到维管束的组织比量，进而展开维管束组织比量与破坏形式的相关性分析。

2.1.7　微观形貌分析

将预处理前后的试样烘至绝干，并制成长×宽×厚为 5mm×5mm×6mm

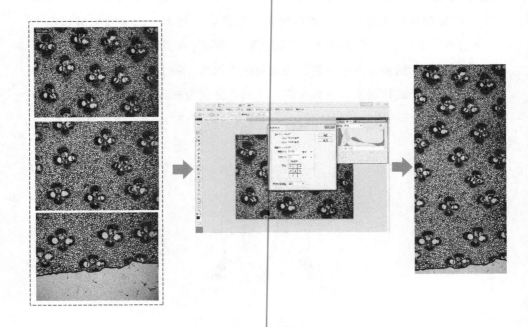

图 2-3   PhotoShop 图片拼接

的样品，并用导电胶将其粘接到样品座上，放入真空喷镀仪内，在真空下以旋转的方式将铂喷射到样品表面，喷镀层厚度为 7.9nm，以形成导电的表面。将日立 SU8010 冷场发射扫描电子显微镜调节到最佳工作状态，然后把样品及样品座一起放入电镜样品室，对竹片表面进行电镜扫描观察。

2.2   结果与分析

2.2.1   力学性能分析

2.2.1.1   顺纹抗压强度

（1）节间

节间顺纹抗压强度的测试中分别按竹龄和离地高度为主导因素进行取样测试。图 2-4 为不同竹龄对强度的影响，该测试中的样品离地高度均取材于竹材离地的中间高度。如图 2-4 所示，在 0.5～3 年竹龄区间，随着生长年份的增长，竹材的顺纹抗拉强度逐渐提升，这主要是由于毛竹中的细胞壁强度逐渐成熟，提升了纤维的强度；而在 5～7 年竹龄区间，随着竹材偏于老化，含水率逐渐降低，导致顺纹抗压强度有所降低。顺纹抗压强度的最高值来自 3～5 年生的毛竹，其强度分别为 47.5MPa 和 46.8MPa。由于 5 年生毛竹抗弯强度更稳定，对于不同离地高度的毛竹顺纹抗压强度测试样品均来自 5 年生毛竹。

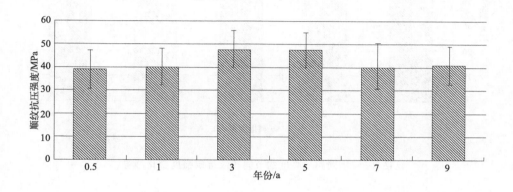

图 2-4　不同年份的节间顺纹抗压强度变化趋势 ❶

不同离地高度对毛竹顺纹抗压强度的影响如图 2-5 所示，随着离地高度由 1m 向 4m 增加，其顺纹抗压强度逐渐升高，这是由于毛竹生长中间部分的水分吸收与流失相对均衡，使得细胞壁具有较好的生长状态。而当离地高度升高至 5m，其顺纹抗压强度有少量的下跌，这是因为离地高度的增加，使得毛竹上部水分流失较快，这影响了细胞壁的强度。因此，最大顺纹抗压强度来自离地高度为 4m 的毛竹（49.1MPa）。

（2）竹节

不同竹龄对含竹节的毛竹试件顺纹抗压强度影响如图 2-6 所示，所得到的强度变化趋势同节间强度保持一致，即在 0.5～5 年竹龄区间，强度随着竹龄

---

❶ 类似图 2-4 的柱形图中，方柱上方出现的形如"Ｉ"的长线是误差线，代表最大值和最小值的区间。

的增长逐渐加强，而在5～7年竹龄区间，强度逐渐降低。最高顺纹抗压强度来自5年生毛竹，为47.2MPa，但是方差分析显示，3年生毛竹的带竹节试件强度与5年生试件没有显著差异。

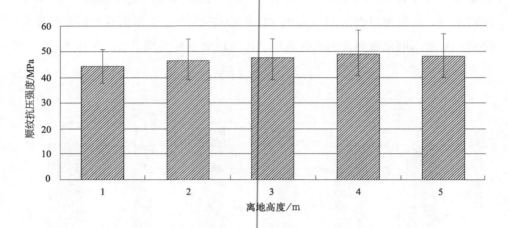

图 2-5　不同离地高度的节间顺纹抗压强度变化趋势

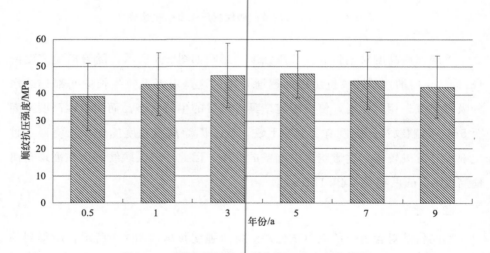

图 2-6　不同年份的竹节顺纹抗压强度变化趋势

5年生毛竹不同离地高度对含竹节试件的顺纹抗压强度影响如图2-7所示，尽管最大平均值来自离地高度为3m的试件（47.2MPa），但是方差分析表明，各试件之间的强度并无显著性差异，这表明离地高度对含竹节的毛竹顺纹抗压强度无显著性影响。

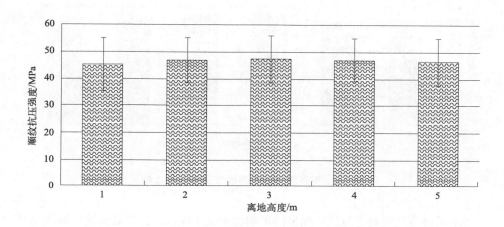

图 2-7　不同离地高度的竹节顺纹抗压强度变化趋势

（3）节间与竹节

通过横向对比竹间和含竹节试件的顺纹抗压强度发现，是否含有竹节对于同竹龄和同离地高度的试件的顺纹抗压强度没有显著性影响，这表明在选用毛竹时，如以抗压强度为主要应用方向进行材料选择，无须考虑竹节的影响。

2.2.1.2　抗弯强度

（1）节间

毛竹抗弯强度测试分别按竹龄和离地高度为主导因素进行取样测试。图 2-8 为不同竹龄对强度的影响，该测试中的样品离地高度均取材于竹材离地的中间高度。如图 2-8 所示，在 0.5～5 年竹龄区间，随着生长年份的增长，竹材的抗弯强度逐渐升高，而在 5～7 年竹龄区间，随着竹材偏于老化，竹材细胞壁弹性降低，导致抗弯强度有所下降。毛竹竹间抗弯强度的最高值来自 5 年生试件，其强度为 134.4MPa，因此，后续对于不同离地高度的毛竹抗弯强度测试样品均来自 5 年生毛竹。

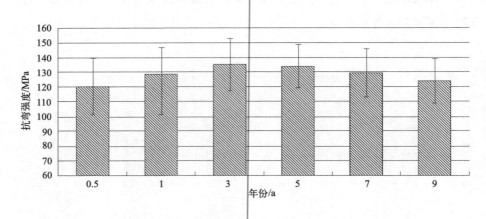

图 2-8　不同年份的节间抗弯强度变化趋势

不同离地高度对毛竹抗弯强度的影响如图 2-9 所示，尽管最大抗弯强度的平均值来自离地高度 1m 的试件，但是根据方差分析结果，所有离地高度取样数据并不具有差异性，这表明离地高度对于毛竹竹间抗弯性能的影响不具有显著性。

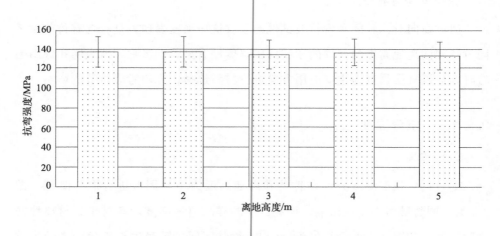

图 2-9　不同离地高度的节间抗弯强度变化趋势

（2）竹节

为考虑竹节对强度的影响，本研究对不同竹龄的中间高度带竹节试件的抗弯强度进行测试，结果如图 2-10 所示。5 年生毛竹的带竹节试件平均值高

（120.5MPa），但是方差分析显示，3 年生毛竹试件的抗弯强度与其不具有差异性，这表明：在含竹节的毛竹抗弯强度中，3～5 年生毛竹均表现出最高性能。

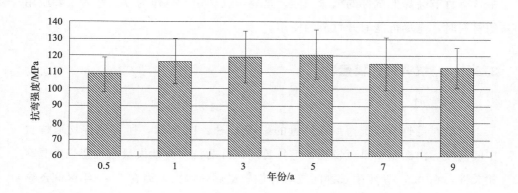

图 2-10　不同年份的竹节抗弯强度变化趋势

5 年生毛竹不同离地高度对含竹节试件的抗弯强度影响如图 2-11 所示，最大平均值来自离地高度为 3m 的试件（120.56MPa），但是方差分析表明，各试件之间的强度并无显著性差异，这表明离地高度对含竹节的毛竹顺纹抗压强度无显著性影响。

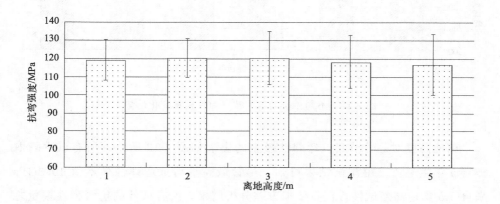

图 2-11　不同离地高度的竹节抗弯强度变化趋势

（3）节间与竹节

对比研究节间试件和含竹节试件的抗弯性能可知，在相同竹龄和相同离地高度条件下，试件中是否含有竹节具有显著性差异。通过数据对比发现，试件中含有竹节会降低试件的抗弯强度，这要求在选用毛竹作为以抗弯为重要应用的材料时，需尽可能避开竹节的使用。

2.2.1.3　抗弯弹性模量

（1）节间

竹龄对毛竹节间抗弯弹性模量的影响如图 2-12 所示，所有试件均取样自中间高度。由图示结果可发现，毛竹竹间试件的抗弯弹性模量与抗弯强度具有相关性，在 0.5～5 年生长区间抗弯弹性模量逐渐增大，而在 5～7 年区间逐渐降低。最大值依然来自 5 年生毛竹，为 10.3GPa，而方差分析结果显示，3 年生毛竹的抗弯弹性模量值与 5 年生测试结果之间没有显著差异。

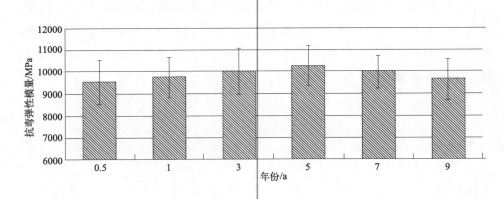

图 2-12　不同年份的节间抗弯弹性模量变化趋势

离地高度对毛竹节间抗弯弹性模量的影响如图 2-13 所示，所有试件均取样自 5 年生毛竹。由测试结果可知，尽管最高平均抗弯弹性模量值 10.3GPa 来自 5m 离地高度试件，但是依据方差分析结果，所有试件的抗弯弹性模量之间不具有显著差异性，这表明离地高度对毛竹节间的抗弯弹性模量没有显著性影响。

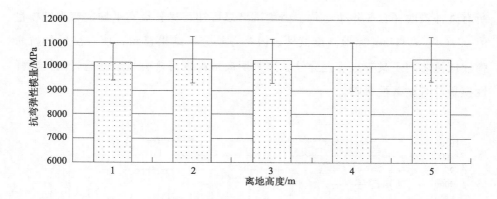

图 2-13　不同离地高度的节间抗弯弹性模量变化趋势

（2）竹节

竹龄对有竹节弦向竹条抗弯弹性模量影响的测试结果如图 2-14 所示，所有测试样品均取自 3m 离地高度。由测试结果可知，在 0.5～7 年生长区间内，带竹节的毛竹抗弯弹性模量随着竹龄的增长逐渐增强，而在 7～9 年逐渐下降，抗弯弹性模量的最大值为 9.3GPa。但是方差分析结果显示，5 年生试件的测试结果与 7 年生之间并不具有显著差异，因此，带竹节的竹材抗弯弹性模量以5～7 年生竹材为最佳。

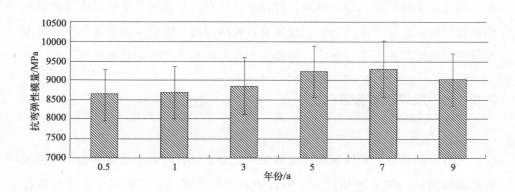

图 2-14　不同年份的竹节抗弯弹性模量变化趋势

离地高度对毛竹含竹节试件抗弯弹性模量影响的测试结果如图 2-15 所示，所有试件均取样自 5 年生毛竹。由测试结果可知，尽管最高平均抗弯弹性模量值 9.4GPa 来自 2m 离地高度试件，但是方差分析结果显示，所有试件的抗弯弹性模量之间不具有显著差异性，这表明离地高度对含有竹节的毛竹的抗弯弹性模量没有显著性影响。

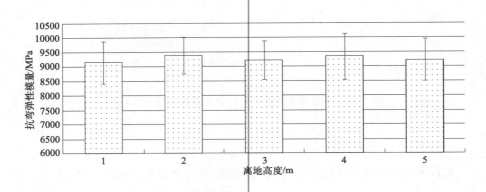

图 2-15　不同离地高度的竹节抗弯弹性模量变化趋势

（3）节间与竹节

横向对比含竹间和含竹节试件的抗弯弹性模量可知，两种试件具有明显的性能差异，其中含有竹节的试件抗弯强度较低，这与抗弯强度测试结果保持一致。综合以上两项研究结果可知，竹材试件含有竹节情况下抗弯强度与抗弯弹性模量较低，这是由于竹节的存在使得竹材局部出现密度分布不等，变异性大导致其在抗弯条件下受力不均，局部受力过大影响了竹材的抗弯性能。

2.2.1.4　顺纹抗剪强度

（1）节间

毛竹节间试件的顺纹抗剪强度测试中，分别以竹龄和离地高度为主导因素进行取样测试。图 2-16 所示为不同竹龄对强度的影响，该测试中的竹材取样高度为 3m。如图中结果所示，在 0.5～3 年竹龄区间，随着生长年份的增长，竹材的抗剪强度逐渐升高，最高值为 14.7MPa。方差分析结果显示 3 年生和 5

年生试件的顺纹抗剪强度之间无显著差异，因此，3～5年生的毛竹竹间顺纹抗剪强度保持稳定，而在5～9年竹龄区间内，随着年份的增长，毛竹的顺纹抗剪强度逐渐降低。

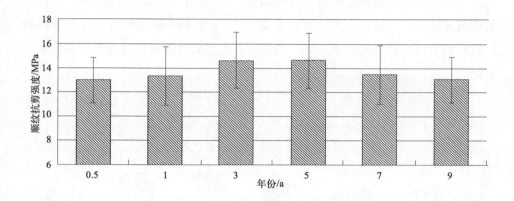

图 2-16　不同年份的节间顺纹抗剪强度变化趋势

离地高度对毛竹竹间试件顺纹抗剪强度影响的测试结果如图 2-17 所示，所有试件均取样自 5 年生毛竹。最高平均顺纹抗剪强度值为 15.3MPa，来自 1m 离地高度试件，但是方差分析结果显示，所有试件的顺纹抗剪强度之间不具有显著差异性，这表明离地高度对竹间试件的抗剪强度没有显著性影响。

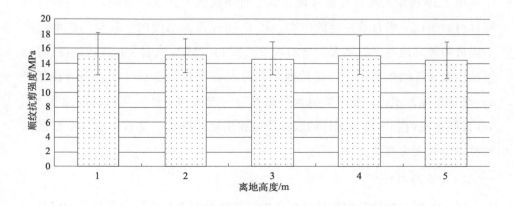

图 2-17　不同离地高度的节间顺纹抗剪强度变化趋势

（2）竹节

竹龄对含竹节试件顺纹抗剪强度影响的测试结果如图 2-18 所示。在 0.5～5 年竹龄中，含竹节试件的顺纹抗剪强度与竹龄呈正相关性，最大值 14.1MPa 取自 5 年生毛竹，而随着毛竹年份的增长，在 5～7 年竹龄区间，材料的抗剪强度逐渐降低，同时，方差计算结果显示，5 年生和 7 年生毛竹含竹节试件的顺纹抗剪强度之间没有显著差异。选择 5 年生毛竹竹节部位进行离地高度影响测试。

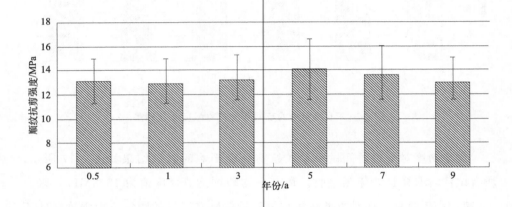

图 2-18　不同年份的竹节顺纹抗剪强度变化趋势

图 2-19 所示为离地高度对含竹节毛竹顺纹抗剪强度的影响，该结果与竹间材料的测试结果有着一定的区别。在 1～3m 离地范围内，材料的抗剪强度平均值随着离地高度的增大而增加，最大值 14.1MPa 取自 3m 离地高度试件。但是方差计算结果显示，三组数据之间并没有明显的差异性，这表明在低于 3m 离地高度范围内，竹节的抗剪强度具有一定的均一性。当取材高度在 3～5m 区间范围内，含竹节试件的顺纹抗剪强度逐渐降低，这可能与竹节密度随竹材高度的变化有关。

（3）节间与竹节

通过对比分析竹间和含竹节试件的顺纹抗剪强度可知，含有竹节的试件在所有竹龄和离地高度的顺纹抗剪强度均低于竹间材料，这可能是由于随着竹材

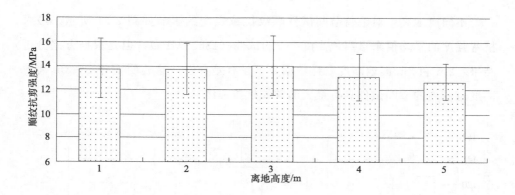

图 2-19　不同离地高度的竹节顺纹抗剪强度变化趋势

离地高度的增加，上层竹材水分流失较快，导致竹节生长时间短，密度低，影响了含竹节试件的顺纹抗剪强度。

2.2.1.5　顺纹抗拉强度

（1）节间

竹龄对毛竹节间试件顺纹抗拉强度的影响如图 2-20 所示，所有试件均取材于 3m 离地高度。由测试结果可知，随着竹龄的不断增长，竹间的顺纹抗拉强度呈先增大后减小的趋势，且方差分析显示各组试件之间存在着显著的差异性。竹间试件最高顺纹抗拉强度为 134.1MPa，取自 5 年生毛竹。

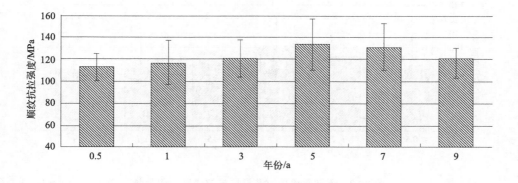

图 2-20　不同年份的节间顺纹抗拉强度变化趋势

不同离地高度对毛竹节间试件顺纹抗拉强度的影响如图 2-21 所示。最大抗弯强度的平均值来自离地高度 2m 的试件（136.9MPa），但是根据方差分析结果，2m 和 3m 离地高度取样数据并不具有差异性，这表明毛竹 2～3m 离地高度范围内的节间试件具有最大的顺纹抗拉强度。

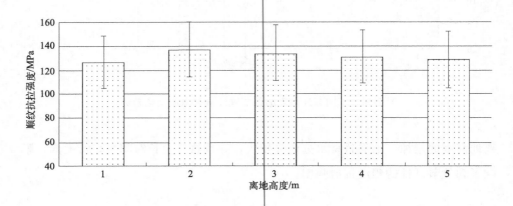

图 2-21　不同离地高度的节间顺纹抗拉强度变化趋势

（2）竹节

含竹节的不同竹龄毛竹试件顺纹抗拉强度测试结果如图 2-22 所示，其强度趋势以 3 年生毛竹为节点向两侧递减，这表明 3 年生的毛竹含竹节试件具有最佳顺纹抗拉强度，为 100.3MPa。

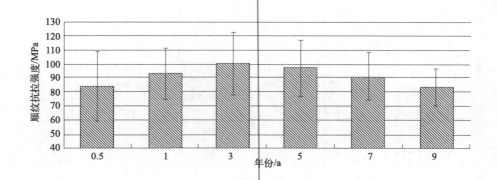

图 2-22　不同年份的竹节顺纹抗拉强度变化趋势

离地高度对含竹节毛竹试件顺纹抗拉强度影响如图 2-23 所示，其强度最大平均值来自 2m 离地高度取样试件，但是方差计算结果显示，2m 和 3m 离地高度取样试件之间的测试结果不具有差异性，这表明含竹节的毛竹最佳抗拉强度取样离地高度为 2～3m。

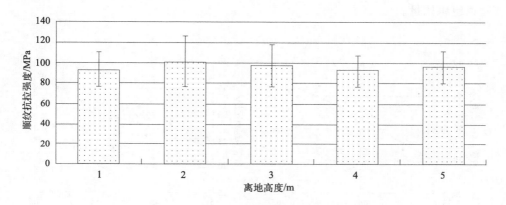

图 2-23 不同离地高度的竹节顺纹抗拉强度变化趋势

（3）节间与竹节

通过对比研究发现，在同等竹龄和取样高度条件下，试件是否含有竹节对毛竹的顺纹抗拉强度有着较大影响，不含竹节的节间强度通常高于带竹节试件，这可能同样与竹节在较高离地高度条件下的生长密度有关。因此，在选用毛竹用于抗拉材料制备时，应避免试件中存在竹节。

2.2.2 破坏形式分析

通过以上强度测试研究结果可知，毛竹的各项力学性能指标除了与竹龄和离地高度有关，还与试件中是否带有竹节有着一定的联系，而在同等竹龄和离地高度条件下，竹节对于其力学性能起到主要的影响。因此，本节通过竹材节间与竹节的维管束组织构造，系统解析竹节对于毛竹力学性能的影响。

2.2.2.1 顺纹抗压强度

节间与含竹节试件的顺纹抗压强度和维管束组织比量的相关性如图 2-24

和表 2-2 所示，两者具有显著性相关关系[287]，对于节间而言，抗压强度与维管束组织比量之间的拟合性相对更好，即随着维管束组织比量的增大，节间试件的顺纹抗压强度得到增强。而竹节处交错紊乱的组织结构导致其拟合性相对较差。节间处维管束组织比量的分布范围在 26%～38%，稍高于竹节处的维管束组织比量。

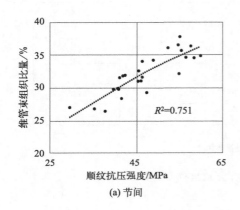

(a) 节间

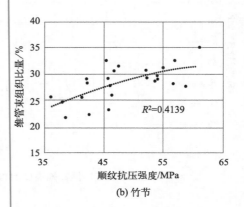

(b) 竹节

图 2-24　顺纹抗压强度和维管束组织比量的相关性❶

表 2-2　顺纹抗压强度和维管束组织比量的显著性分析❷

差异源		SS	df	MS	F 值	P 值	显著性
节间	组间	2925.44	1	2925.44	80.0884	5.9×10^{-12}	显著
	组内	1826.38	50	36.5276			
	总计	4751.82	51				
竹节	组间	4788.39	1	4788.39	160.673	1.3×10^{-16}	显著
	组内	1370.9	46	29.8021			
	总计	6159.29	47				

---

❶　本图及后文类似图中，R 为决定系数，R^2 表示拟合度，越接近 1，拟合度越好。

❷　本表及后文类似表中，SS 即 sum of squares 缩写，指样本数据平方和；df 代表自由度；MS 即 mean square 缩写，代表样本数据平均平方和；F（或 F-value）代表 F 统计量的值；P-value（或 P）代表 P 值。

　　顺纹抗压强度试件的破坏形式主要有压溃和劈裂两种（图 2-25、图 2-26）。对于节间而言，约 54.2％的试样以压溃形式破坏，而竹节以压溃形式破坏的约有 75％。进一步研究发现，组织比量和破坏形式之间没有显著相关关系，表明破坏形式取决于组织结构的分布。不考虑箨环组织结构，维管束的密度分布是渐变的，从竹青到竹黄呈逐渐减小的趋势，劈裂的破坏形式相应发生在竹黄处，是由轴向薄壁组织发生纵向滑移导致的。

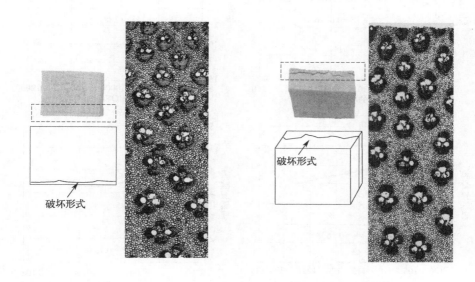

图 2-25　压溃　　　　　　　　　　　图 2-26　劈裂

2.2.2.2　抗弯强度和抗弯弹性模量

　　节间和竹节的抗弯强度（MOR）和抗弯弹性模量（MOE）与组织比量的相关关系见图 2-27、表 2-3 和表 2-4，均具有显著性相关关系。对于节间而言，MOR 的拟合度相对更好，这表明节间抗弯强度受维管束组织比量的影响更大。对于竹节而言，MOR 和 MOE 均具有较大的离散度，且随着组织比量的增加而降低，这是由于箨环组织分布不规律和数量不确定所导致的。此外，箨环组织结构也破坏了维管束组织结构的规律性分布，使纤维长度变短，这也是离散度较大的原因之一[288-290]。对比节间，竹节的组织比量较高，分布范围在 28%～45%。然而，其增加并未提高强度。节间的维管束组织比量分布范围为 25%～31%。

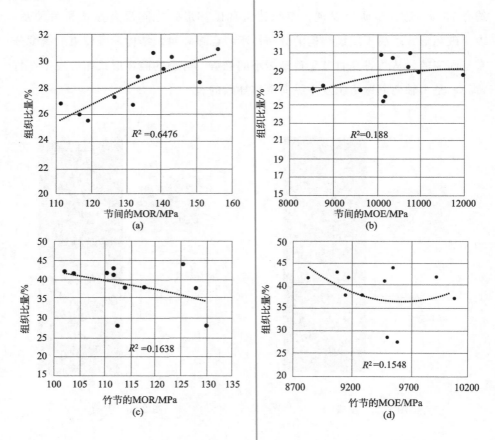

图 2-27　MOR 和 MOE 与组织比量的相关性

表 2-3　MOR 和组织比量的显著性分析

差异源		SS	df	MS	F 值	P 值	显著性
节间	组间	60735.2	1	60735.2	601.881	2.1×10^{-16}	显著
	组内	2018.18	20	100.909			
	总计	62753.4	21				
竹节	组间	31771.14	1	31771.14	509.5666	1.06×10^{-15}	显著
	组内	1246.987	20	62.34935			
	总计	33018.13	21				

表 2-4　MOE 和组织比量的显著性分析

差异源		SS	df	MS	F 值	P 值	显著性
节间	组间	5.7×10^8	1	5.7×10^8	1188.75	2.7×10^{-19}	显著
	组内	9528049	20	476402			
	总计	5.8×10^8	21				
竹节	组间	4.85×10^8	1	4.85×10^8	7086.908	5.5×10^{-27}	显著
	组内	1367341	20	68367.05			
	总计	4.86×10^8	21				

在破坏形式方面，所有的试样都是在受压部位发生断裂破坏，部分试件产生全部压断破坏（图 2-28）。约有 36.4% 的节间试样发生断裂破坏，而竹节试样 100% 发生断裂破坏，并且破坏均发生在竹节处，这表明竹节对于竹材的抗弯性能具有较大的影响。此外，由微观构造可知，竹节处的维管束并未发生完全分化，这也是导致强度降低的原因之一。

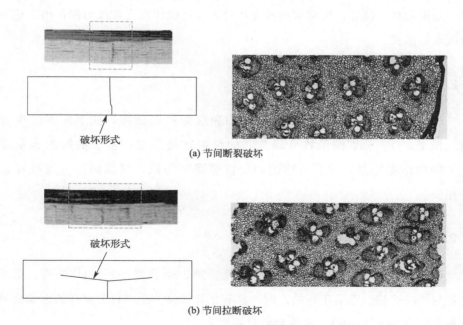

(a) 节间断裂破坏

(b) 节间拉断破坏

图 2-28

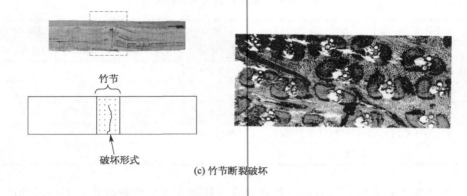

(c) 竹节断裂破坏

图 2-28　破坏形式

对于节间试件而言，破坏形式和组织比量之间没有显著相关性。因此，组织分布决定了破坏形式。相比于维管束，轴向薄壁组织的界面结合强度相对较低，因此，破坏路径开始于轴向薄壁组织，然后沿着相邻的轴向薄壁组织蔓延。如果在某一位置，维管束的密度相对较大，破坏就会在压力的作用下呈现为压断的形式。

2.2.2.3　顺纹抗剪强度

节间和竹节试样的顺纹抗剪破坏均表现为剪切破坏，从上而下发生劈裂（图 2-29）。分别测量竹节和节间的组织比量发现，竹节的组织比量高于节间的组织比量，但是对应的顺纹抗剪强度却低，其原因与抗弯破坏分析相同。

2.2.2.4　顺纹抗拉强度

顺纹抗拉强度和组织比量的相关关系见图 2-30 和表 2-5。总体来看，组织比量与顺纹抗拉强度呈正相关，两者具有显著相关关系。竹节试样的组织比量分布范围为 26%～40%，离散度相对较大。

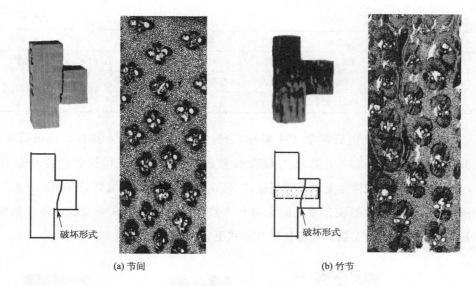

图 2-29 劈裂

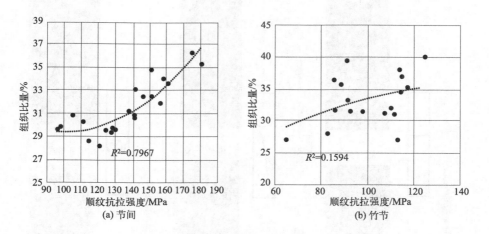

图 2-30 顺纹抗拉强度和组织比量的相关性

表 2-5 顺纹抗拉强度和组织比量的差异性

差异源		SS	df	MS	F 值	P 值	显著性
节间	组间	128910	1	128910	475.256	3.3×10^{-25}	显著
	组内	11934.7	44	271.243			
	总计	140845	45				

差异源		SS	df	MS	F 值	P 值	显著性
竹节	组间	40710.79	1	40710.79	308.3456	$1.27×10^{-18}$	显著
	组内	4489.012	34	132.0298			
	总计	45199.8	35				

顺纹抗拉强度的破坏形式主要有三种：脆性拉伸破坏，拉伸、剪切破坏，劈裂破坏。节间试样主要发生脆性拉伸破坏（39.1%）和拉伸、剪切破坏（43.5%）。竹节试样主要发生劈裂破坏（44.4%）和拉伸、剪切破坏（44.4%）。同样，破坏形式和组织比量之间无显著性差异。对于竹节试样而言，箨环结构是决定破坏形式的关键，且劈裂破坏形式更多。

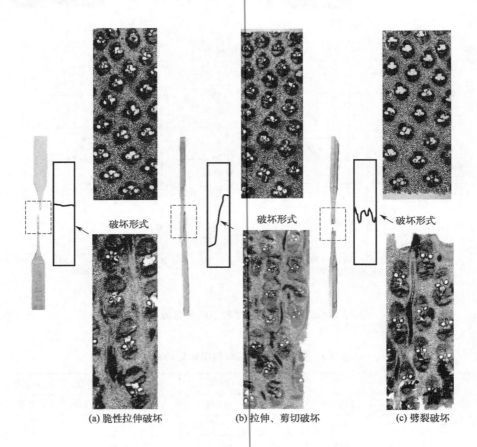

(a) 脆性拉伸破坏　　　　(b) 拉伸、剪切破坏　　　　(c) 劈裂破坏

图 2-31　节间（上排）和竹节（下排）的破坏形式

2.2.3 接触角分析

除力学性能之外，竹材对液体的润湿性同样对竹基复合材料的胶合性能产生较大影响，因此本书分别分析了离地高度、年份和测试位置对蒸馏水初始接触角的影响，其结果如表 2-6～表 2-8 所示。由于竹肉、竹青肉和竹黄肉组内的差异性是不显著的，所以本研究主要对组间的接触角差异性展开分析。

表 2-6　年份对蒸馏水初始接触角影响的显著性分析

年份	差异源	SS	df	MS	F 值	P 值	显著性
0.5a	组间	1904.69	2	952.345	17.0278	0.00031	显著
	组内	671.144	12	55.9287			
	总计	2575.83	14				
1a	组间	4741.31	2	2370.65	13.268	0.00091	显著
	组内	2144.09	12	178.674			
	总计	6885.39	14				
3a	组间	1936.66	2	968.329	18.9546	0.00019	显著
	组内	613.04	12	51.0867			
	总计	2549.7	14				
5a	组间	2725.01	2	1362.51	37.9959	6.4×10^{-6}	显著
	组内	430.312	12	35.8593			
	总计	3155.32	14				
7a	组间	4363.93	2	2181.97	18.4559	0.00022	显著
	组内	1418.71	12	118.226			
	总计	5782.64	14				
9a	组间	1010.72	2	505.358	2.71585	0.10643	不显著
	组内	2232.93	12	186.077			
	总计	3242.64	14				

表 2-7　离地高度对蒸馏水初始接触角影响的显著性分析

离地高度	差异源	SS	df	MS	F 值	P 值	显著性
1m	组间	2602.75	2	1301.37	6.66757	0.00848	显著
	组内	2927.7	15	195.18			
	总计	5530.44	17				

续表

离地高度	差异源	SS	df	MS	F 值	P 值	显著性
	组间	2118.54	2	1059.27	14.7005	0.00029	显著
2m	组内	1080.86	15	72.057			
	总计	3199.4	17				
	组间	2807.874	2	1403.937	15.29541	0.000239	显著
3m	组内	1376.822	15	91.78811			
	总计	4184.696	17				
	组间	3312.52	2	1656.26	9.84151	0.00186	显著
4m	组内	2524.4	15	168.293			
	总计	5836.93	17				
	组间	4543.521	2	2271.761	23.28668	2.51×10^{-5}	显著
5m	组内	1463.343	15	97.55622			
	总计	6006.864	17				

表 2-8 测试位置对蒸馏水初始接触角影响的显著性分析

测试位置		差异源	SS	df	MS	F 值	P 值	显著性
		组间	290.072	4	72.518	0.79287	0.54093	不显著
	竹青肉	组内	2286.56	25	91.4624			
		总计	2576.63	29				
不同离地高度		组间	364.871	4	91.2178	0.88757	0.48575	不显著
	竹肉	组内	2569.32	25	102.773			
		总计	2934.19	29				
		组间	105.135	4	26.2837	0.18897	0.94192	不显著
	竹黄肉	组内	3477.24	25	139.089			
		总计	3582.37	29				
		组间	996.82	5	199.364	1.77251	0.15673	不显著
	竹青肉	组内	2699.41	24	112.476			
		总计	3696.23	29				
不同年份		组间	784.075	5	156.815	1.66609	0.18117	不显著
	竹肉	组内	2258.92	24	94.1217			
		总计	3042.99	29				
		组间	1030.48	5	206.096	1.93828	0.12506	不显著
	竹黄肉	组内	2551.89	24	106.329			
		总计	3582.37	29				

根据测试结果可发现，离地高度对 0.5～7 年生的毛竹条蒸馏水初始接触角具有显著性影响，对 9 年生毛竹条的影响则不显著。结合图 2-32 的分析可知，0.5 年生毛竹条的蒸馏水初始接触角是竹肉＞竹青肉＞竹黄肉，且当离地高度≥3m 时，三者的差异性明显增大。1 年生毛竹条的蒸馏水初始接触角同样是竹肉＞竹青肉＞竹黄肉，但是整体来看，竹青肉和竹黄肉的值比较接近，远小于竹肉的测试结果。3 年生毛竹条的蒸馏水初始接触角亦是竹肉＞竹青肉＞竹黄肉，且离地高度达到 4m 以上时，竹青肉和竹黄肉的值产生明显差异性，4m 以下则较为接近。5 年生毛竹条的蒸馏水初始接触角是竹肉＞竹黄肉＞竹青肉，竹黄肉的值稍大于竹青肉的值，但均明显小于竹肉的值。7 年生毛竹条的蒸馏水初始接触角总体来看是竹肉＞竹黄肉＞竹青肉，但是离地高度 4m 处的竹青肉的值大于竹黄肉的值。离地高度在 2m 以下时，竹黄肉的值与竹肉的值较为接近，且明显大于竹青肉的值；而在 3m 以上时，三者的差异性逐渐缩小。9 年生毛竹条的蒸馏水初始接触角除 1m 处的比较特殊外，其余均为竹肉＞竹黄肉＞竹青肉。此外，从平均值来看，5 年生毛竹条的蒸馏水初始接触角要优于其他年份产出的毛竹条，且竹肉、竹黄肉和竹青肉在不同高度的变异性较小，材性相对稳定[291-293]。

在不同离地高度处，年份对毛竹条蒸馏水初始接触角均具有显著性影响。结合图 2-33 分析可知，离地高度为 1m 的毛竹条蒸馏水初始接触角对于小于或等于 1 年生的毛竹是竹肉＞竹青肉＞竹黄肉；生长 3～7 年时，则竹肉＞竹黄肉＞竹青肉；生长到 9 年时，竹青肉＞竹肉＞竹黄肉。离地高度为 2m 的毛竹条蒸馏水初始接触角对于 0.5～5 年生毛竹是竹肉＞竹青肉＞竹黄肉；生长7～9 年时，则竹肉＞竹黄肉＞竹青肉。其中，5 年生毛竹的竹肉、竹青肉和竹黄肉的蒸馏水初始接触角的差异性较小。离地高度为 3m 的毛竹条蒸馏水初始接触角是竹肉＞竹青肉≈竹黄肉，其中 5 年生的竹青肉和竹黄肉的值相对最大，而竹肉的相对最大值出现在 5～7 年。离地高度为 4m 的毛竹条蒸馏水初始接触角是竹肉相对最大，而竹青肉和竹黄肉变异性较大，没有明显规律性，但 5～7 年的竹青肉和竹黄肉的值比较接近。离地高度为 5m 的毛竹条蒸馏水初始接触角为竹肉＞竹青肉≈竹黄肉，且每年的值都比较接近，其中 7 年生毛竹除外。总体来看，离地高度为 1m 处的值变异性较大，但是 2m 以上的值相对比较稳定，材性相对稳定，因此加工原材料时，应去掉离地高度 1m 以下的毛竹[294-296]。

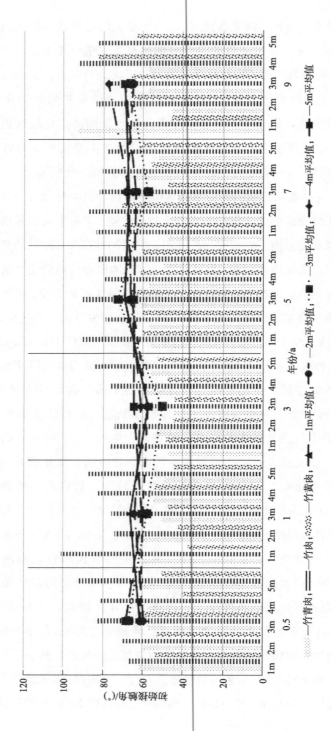

图 2-32 不同年份的蒸馏水初始接触角随离地高度的变化情况

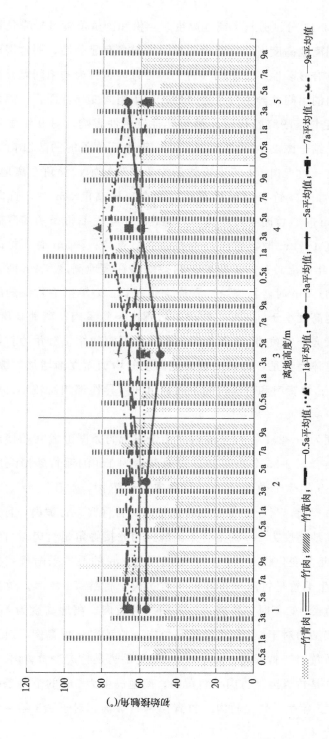

图 2-33 不同离地高度的蒸馏水初始接触角随年份的变化情况

　　表 2-9～表 2-11 分别分析了离地高度、年份和测试位置对酚醛胶初始接触角的影响。不同离地高度下，竹青肉的组间差异具有显著性，而竹肉和竹黄肉的组间差异不具有显著性；在不同年份下，竹青肉和竹肉的组间差异都具有显著性，而竹黄肉的组间差异不具有显著性。对于组间变异性而言，离地高度对 0.5～7 年生的毛竹条酚醛胶初始接触角具有显著性影响，对 9 年生毛竹条的影响则不显著。结合图 2-34 分析可知，0.5 年生毛竹条的酚醛胶初始接触角是竹肉＞竹黄肉≈竹青肉。1 年生毛竹条的酚醛胶初始接触角在离地高度 1m 和 4～5m 时，竹肉＞竹青肉≈竹黄肉；而在离地高度 2m 时，竹肉≈竹黄肉＞竹青肉；3m 时，竹肉≈竹青肉＞竹黄肉。3 年生毛竹条的酚醛胶初始接触角在离地高度 1～2m 时，竹肉＞竹黄肉＞竹青肉；≥3m 时，竹肉＞竹黄肉≈竹青肉。5 年生毛竹条的酚醛胶初始接触角在离地高度＜4m 时，竹肉＞竹黄肉＞竹青肉；5m 时，竹肉＞竹青肉＞竹黄肉。7 年生毛竹条的酚醛胶初始接触角在离地高度小于 3m 时，竹肉＞竹青肉≈竹黄肉；离地高度大于 4m 时，竹肉＞竹青肉＞竹黄肉。9 年生毛竹条的酚醛胶初始接触角为竹肉＞竹青肉≈竹黄肉，总体趋势是各指标随着离地高度的增加而逐渐增加。综合来看，5 年生毛竹竹肉、竹青肉和竹黄肉的组内和组间差异性都相对较小，材性相对稳定。

　　在离地高度为 1～2m 和 4～5m 时，年份对毛竹条酚醛胶初始接触角具有显著性影响。结合图 2-35 分析可知，离地高度为 1m 的毛竹条酚醛胶初始接触角对于 0.5～5 年生毛竹是竹肉＞竹黄肉≈竹青肉，对于 7 年生毛竹是竹肉＞竹黄肉＞竹青肉，对于 9 年生毛竹是竹肉＞竹青肉＞竹黄肉，且前 5 年的变化很缓慢。离地高度为 2m 的毛竹条酚醛胶初始接触角是竹肉＞竹黄肉≈竹青肉，且 3～9 年的变化相对缓慢。离地高度为 3m 的毛竹条酚醛胶初始接触角对于 3～5 年生毛竹是竹肉≈竹青肉≈竹黄肉；竹龄＜1 年时，竹肉＞竹青肉＞竹黄肉；竹龄＞7 年时，竹肉＞竹青肉＞竹黄肉。离地高度为 4m 的毛竹条酚醛胶初始接触角对于≤1 年生毛竹是竹肉＞竹黄肉≈竹青肉，对于 3 年生毛竹是竹肉＞竹黄肉＞竹青肉，对于 5～7 年生毛竹是竹肉＞竹青肉＞竹黄肉，对于 9 年生毛竹是竹青肉＞竹肉≈竹黄肉。离地高度为 5m 的毛竹条酚醛胶初始接触角对于≤3 年生毛竹是竹肉＞竹青肉≈竹黄肉，对于≥5 年生毛竹是竹肉＞竹青肉＞竹黄肉[297]。

表 2-9 离地高度对酚醛胶初始接触角影响的显著性分析

离地高度	差异源	SS	df	MS	F 值	P 值	显著性
1m	组间	2077.65	2	1038.83	13.557	0.00043	显著
	组内	1149.4	15	76.6264			
	总计	3227.05	17				
2m	组间	1562.39	2	781.194	14.8887	0.00027	显著
	组内	787.035	15	52.469			
	总计	2349.42	17				
3m	组间	570.9753	2	285.4876	3.17683	0.070736	不显著
	组内	1347.984	15	89.86558			
	总计	1918.959	17				
4m	组间	581.77	2	290.885	4.09484	0.0381	显著
	组内	1065.56	15	71.037			
	总计	1647.33	17				
5m	组间	1832.421	2	916.2106	16.99407	0.00014	显著
	组内	808.7033	15	53.91356			
	总计	2641.124	17				

表 2-10 年份对酚醛胶初始接触角影响的显著性分析

年份	差异源	SS	df	MS	F 值	P 值	显著性
0.5a	组间	3034.16	2	1517.08	43.2167	3.3×10^{-6}	显著
	组内	421.248	12	35.104			
	总计	3455.4	14				
1a	组间	823.93	2	411.965	5.60297	0.01912	显著
	组内	882.314	12	73.5262			
	总计	1706.24	14				
3a	组间	661.281	2	330.641	5.85301	0.01682	显著
	组内	677.888	12	56.4907			
	总计	1339.17	14				
5a	组间	713.561	2	356.781	13.2151	0.00093	显著
	组内	323.976	12	26.998			
	总计	1037.54	14				

续表

年份	差异源	SS	df	MS	F 值	P 值	显著性
7a	组间	1709.46	2	854.729	12.0039	0.00137	显著
	组内	854.452	12	71.2043			
	总计	2563.91	14				
9a	组间	268.129	2	134.065	2.60173	0.11518	不显著
	组内	618.348	12	51.529			
	总计	886.477	14				

表 2-11　测试位置对酚醛胶初始接触角影响的显著性分析

测试位置		差异源	SS	df	MS	F 值	P 值	显著性
不同离地高度	竹青肉	组间	601.005	4	150.251	3.35265	0.02501	显著
		组内	1120.39	25	44.8156			
		总计	1721.39	29				
	竹肉	组间	499.071	4	124.768	1.86236	0.14853	不显著
		组内	1674.86	25	66.9943			
		总计	2173.93	29				
	竹黄肉	组间	209.944	4	52.4859	1.12577	0.36685	不显著
		组内	1165.56	25	46.6224			
		总计	1375.5	29				
不同年份	竹青肉	组间	636.623	5	127.325	2.81699	0.03864	显著
		组内	1084.77	24	45.1988			
		总计	1721.39	29				
	竹肉	组间	1574.79	5	314.958	4.83429	0.00337	显著
		组内	1563.62	24	65.1508			
		总计	3138.41	29				
	竹黄肉	组间	280.442	5	56.0883	1.19143	0.34284	不显著
		组内	1129.83	24	47.0764			
		总计	1410.28	29				

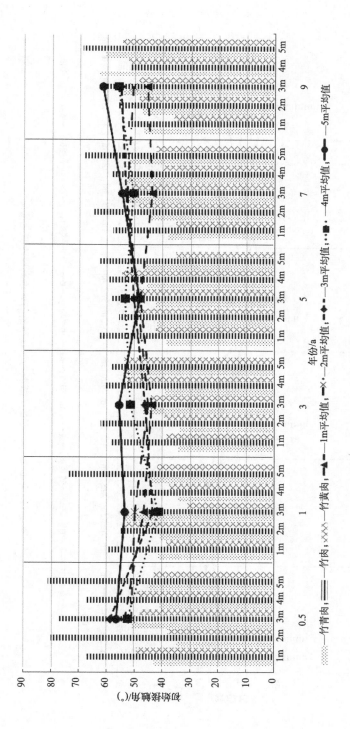

图 2-34 不同离地高度的酚醛胶初始接触角随离地高度的变化情况

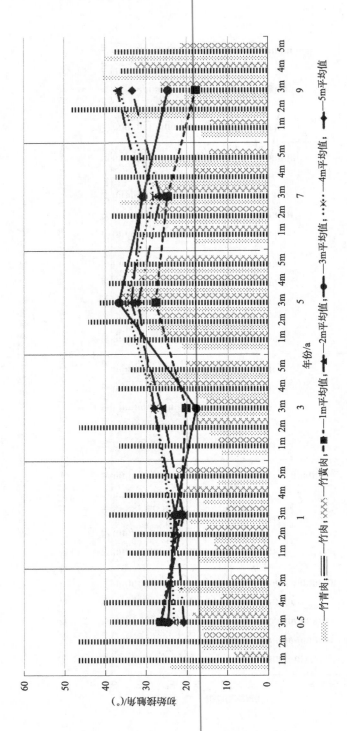

图 2-35 不同离地高度的酚醛胶初始接触角随离地高度的变化情况

表 2-12～表 2-14 分别分析了离地高度、年份和测试位置对酚醛胶平衡接触角的影响。不同离地高度下，竹肉、竹青肉和竹黄肉的组间差异均不具有显著性；而不同年份下，竹青肉的组间差异具有显著性，而竹肉和竹黄肉的组间差异不具有显著性。而对于组间变异性而言，离地高度对 0.5～9 年生的毛竹条酚醛胶平衡接触角均具有显著性影响。结合图 2-36 分析可知，0.5 年生毛竹条的酚醛胶平衡接触角是竹肉＞竹青肉＞竹黄肉，三者的差异性相对较大。1 年生毛竹条的酚醛胶平衡接触角在离地高度≤2m 时，竹肉＞竹青肉≈竹黄肉；3m 时，竹肉＞竹青肉＞竹黄肉；4～5m 时，竹肉≈竹青肉＞竹黄肉。3 年生毛竹条的酚醛胶平衡接触角在离地高度≤3m 时，竹肉＞竹黄肉≈竹青肉；4m 时，竹肉＞竹黄肉＞竹青肉；5m 时，竹肉＞竹青肉＞竹黄肉。5 年生毛竹条的酚醛胶平衡接触角是竹肉＞竹黄肉≈竹青肉，但 5m 处的竹肉≈竹青肉＞竹黄肉。7 年生毛竹条的酚醛胶平衡接触角在离地高度≤2m 时，竹肉＞竹黄肉≈竹青肉；3m 时，竹青肉＞竹肉≈竹黄肉；4～5m 时，竹肉＞竹青肉＞竹黄肉。7 年生毛竹条的酚醛胶平衡接触角在离地高度≤2m 时，竹肉＞竹青肉≈竹黄肉；3m 时，竹肉≈竹黄肉＞竹青肉；4～5m 时，竹青肉＞竹肉＞竹黄肉。总体来看，5 年生毛竹的竹肉、竹青肉和竹黄肉的变化趋势相对稳定，且差异性相对较小，相比较而言材性更稳定。

在离地高度为 1～2m 和 4～5m 时，年份对毛竹条酚醛胶平衡接触角具有显著性影响。离地高度为 1m 的毛竹条酚醛胶平衡接触角对于 0.5～1 年生毛竹是竹肉＞竹青肉＞竹黄肉；对于 3 年生毛竹是竹肉＞竹青肉≈竹黄肉；对于 5 年生和 9 年生毛竹是竹肉＞竹青肉＞竹黄肉；对于 7 年生毛竹是竹肉＞竹黄肉＞竹青肉。离地高度为 2m 的毛竹条酚醛胶平衡接触角对于 0.5～3 年和 7 年生毛竹是竹肉＞竹黄肉≈竹青肉，对于 5 年和 9 年生毛竹是竹肉＞竹青肉＞竹黄肉。离地高度为 3m 的毛竹条酚醛胶平衡接触角对于 0.5～3 年生毛竹是竹肉＞竹青肉≈竹黄肉；对于 5 年生毛竹是竹黄肉＞竹肉＞竹青肉；对于 7～9 年生毛竹是竹肉＞竹青肉＞竹黄肉。离地高度为 4m 的毛竹条酚醛胶平衡接触角对于 0.5 年和 7 年生毛竹是竹肉＞竹青肉＞竹黄肉；对于 1～3 年生毛竹是竹肉＞竹黄肉＞竹青肉；对于 5 年和 9 年生毛竹是竹青肉＞竹肉＞竹黄肉，但三者差异性相对较小。离地高度为 5m 的毛竹条酚醛胶平衡接触角对于 0.5

年和 7 年生毛竹是竹肉＞竹青肉＞竹黄肉；对于 1 年生毛竹是竹肉＞竹黄肉＞竹青肉；对于 3 年生毛竹是竹肉＞竹黄肉≈竹青肉；对于 5 年和 9 年生毛竹是竹肉≈竹青肉＞竹黄肉。

表 2-12　年份对酚醛胶平衡接触角影响的显著性分析

年份	差异源	SS	df	MS	F 值	P 值	显著性
0.5a	组间	3223.4	2	1611.7	86.2825	7.6×10^{-8}	显著
	组内	224.152	12	18.6793			
	总计	3447.55	14				
1a	组间	972.964	2	486.482	13.3083	0.0009	显著
	组内	438.656	12	36.5547			
	总计	1411.62	14				
3a	组间	1219.24	2	609.621	7.38594	0.00811	显著
	组内	990.456	12	82.538			
	总计	2209.7	14				
5a	组间	346.449	2	173.225	4.06624	0.04484	显著
	组内	511.208	12	42.6007			
	总计	857.657	14				
7a	组间	1646.79	2	823.393	15.9309	0.00042	显著
	组内	620.224	12	51.6853			
	总计	2267.01	14				
9a	组间	890.005	2	445.003	16.3572	0.00037	显著
	组内	326.464	12	27.2053			
	总计	1216.47	14				

表 2-13　离地高度对酚醛胶平衡接触角影响的显著性分析

离地高度	差异源	SS	df	MS	F 值	P 值	显著性
1m	组间	2294.29	2	1147.15	23.2638	2.5×10^{-5}	显著
	组内	739.655	15	49.3103			
	总计	3033.95	17				
2m	组间	2165.12	2	1082.56	25.6756	1.4×10^{-5}	显著
	组内	632.445	15	42.163			
	总计	2797.57	17				

离地高度	差异源	SS	df	MS	F 值	P 值	显著性
	组间	557.6711	2	278.8356	1.934877	0.178829	不显著
3m	组内	2161.653	15	144.1102			
	总计	2719.324	17				
	组间	956.138	2	478.069	6.37876	0.00989	显著
4m	组内	1124.21	15	74.947			
	总计	2080.34	17				
	组间	1313.103	2	656.5517	9.970093	0.001761	显著
5m	组内	987.7817	15	65.85211			
	总计	2300.885	17				

表 2-14　测试位置对酚醛胶平衡接触角影响的显著性分析

测试位置		差异源	SS	df	MS	F 值	P 值	显著性
不同离地高度	竹青肉	组间	330.075	4	82.5188	1.10563	0.37582	不显著
		组内	1865.88	25	74.6351			
		总计	2195.95	29				
	竹肉	组间	396.869	4	99.2172	2.7395	0.05115	不显著
		组内	905.43	25	36.2172			
		总计	1302.3	29				
	竹黄肉	组间	215.643	4	53.9108	0.97488	0.43887	不显著
		组内	1382.5	25	55.2999			
		总计	1598.14	29				
不同年份	竹青肉	组间	1888.98	5	377.796	15.3198	8.5×10^{-7}	显著
		组内	591.856	24	24.6607			
		总计	2480.83	29				
	竹肉	组间	485.483	5	97.0965	1.79143	0.15274	不显著
		组内	1300.82	24	54.2007			
		总计	1786.3	29				
	竹黄肉	组间	488.987	5	97.7974	2.29552	0.07712	不显著
		组内	1022.49	24	42.6037			
		总计	1511.48	29				

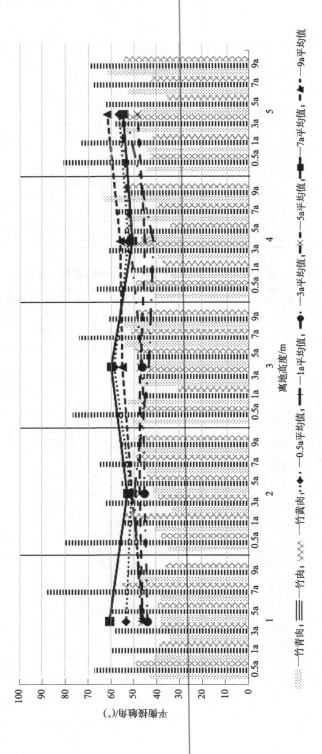

图 2-36　不同年份的酚醛胶平衡接触角随年份的变化情况

2.2.4 化学组分分析

一般来讲，材料的物理性能除了与其内部微观结构有关，还与材料的化学组分有关，因此本研究中对不同竹龄和离地高度的毛竹化学组分进行对比分析，以通过组分含量解析其物理性能差异性原因。

2.2.4.1 纤维素含量分析

年份和离地高度对毛竹弦向竹条纤维素含量影响的分析结果见表2-15～表2-18和图2-37、图2-38。从方差分析结果可以看出离地高度对纤维素含量没有显著性影响，而年份对纤维素含量的影响高度显著。结合走势图可知，纤维素含量随年份的增加逐渐上升，在第3年达到峰值（44.24%），而后逐渐下降，并趋于平缓，其中1～5年的纤维素含量相对较高。纤维素含量的多少对原材料的选择具有导向作用，纤维素含量增加会提高材料的力学性能，这也解释了在上文测试中，3～5年生毛竹力学性能较高的原因。

表 2-15　不同年份下毛竹弦向竹条纤维素含量的统计分析

年份/a	平均值/%	最大值/%	最小值/%	标准差
0.5	39.85	40.62	38.53	0.87
1	42.09	43.34	40.29	1.31
3	44.05	44.74	42.91	0.79
5	42.23	43.01	41.50	0.72
7	39.76	41.83	35.81	2.48
9	39.95	41.12	36.43	1.98

表 2-16　年份对毛竹弦向竹条纤维素含量影响的显著性分析

差异源	SS	df	MS	F 值	P 值	显著性
组间	76.7297	5	15.3459	6.72858	0.00048	显著
组内	54.737	24				
总计	131.467	29				

表 2-17 不同离地高度毛竹弦向竹条纤维素含量的统计分析

高度/m	平均值/%	最大值/%	最小值/%	标准差
1	40.88	42.91	38.53	1.83
2	42.21	44.74	40.55	1.71
3	42.22	44.35	40.07	1.61
4	41.57	44.67	39.47	1.73
5	39.74	43.58	35.81	3.04

表 2-18 离地高度对毛竹弦向竹条纤维素含量影响的显著性分析

差异源	SS	df	MS	F 值	P 值	显著性
组间	26.0356	4	6.50891	1.5434	0.22026	不显著
组内	105.431	25	4.21725			
总计	131.467	29				

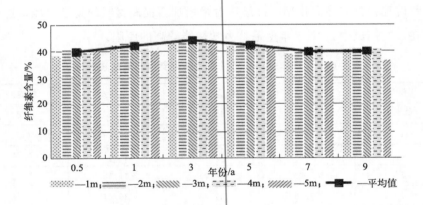

图 2-37 纤维素含量随年份的变化情况

2.2.4.2 酸不溶木质素含量分析

年份和离地高度对毛竹弦向竹条酸不溶木质素含量影响的分析结果见表 2-19～表 2-22 和图 2-39、图 2-40。从方差分析结果可以看出两个参数对酸不溶木质素含量均没有显著性影响[298,299]。

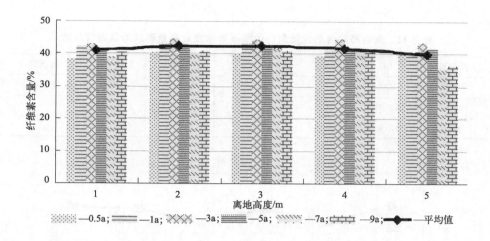

图 2-38　纤维素含量随离地高度的变化情况

表 2-19　不同年份下毛竹弦向竹条酸不溶木质素含量的统计分析

年份/a	平均值/%	最大值/%	最小值/%	标准差
0.5	27.36	32.22	25.70	2.71
1	23.62	27.67	20.20	3.48
3	26.49	28.14	23.26	2.08
5	23.19	28.54	20.22	3.33
7	26.64	27.81	25.02	1.05
9	26.93	33.56	21.62	4.54

表 2-20　年份对毛竹弦向竹条酸不溶木质素含量影响的显著性分析

差异源	SS	df	MS	F 值	P 值	显著性
组间	86.7982	5	17.3596	1.84253	0.14248	不显著
组内	226.119	24	9.42164			
总计	312.918	29				

表 2-21　不同离地高度毛竹弦向竹条酸不溶木质素含量的统计分析

高度/m	平均值/%	最大值/%	最小值/%	标准差
1	25.39	32.22	20.22	4.31
2	25.46	28.54	22.17	2.61
3	25.46	28.54	20.56	3.67
4	26.14	33.56	20.20	4.48
5	26.31	27.88	23.26	1.65

表 2-22　离地高度对毛竹弦向竹条酸不溶木质素含量影响的显著性分析

差异源	SS	df	MS	F 值	P 值	显著性
组间	4.53149	4	1.13287	0.09184	0.98416	不显著
组内	308.386	25	12.3354			
总计	312.918	29				

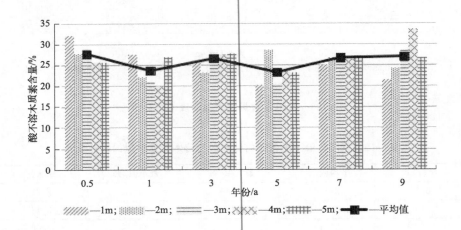

图 2-39　酸不溶木质素含量随年份的变化情况

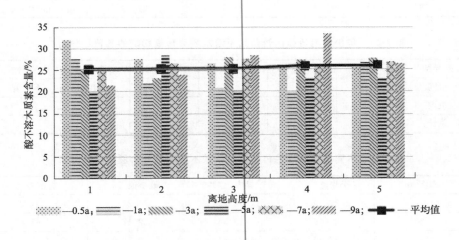

图 2-40　酸不溶木质素含量随离地高度的变化情况

2.2.4.3　聚戊糖含量分析

　　年份和离地高度对毛竹弦向竹条聚戊糖含量影响的分析结果见表 2-23～表 2-26 和图 2-41、图 2-42。从方差分析结果可以看出两个参数对聚戊糖含量均没有显著性影响[300-303]。

表 2-23　不同年份下毛竹弦向竹条聚戊糖含量的统计分析

年份/a	平均值/%	最大值/%	最小值/%	标准差
0.5	11.74	12.52	11.34	0.46
1	12.50	13.47	11.71	0.70
3	12.96	14.25	11.72	1.03
5	12.16	13.45	11.40	0.77
7	11.98	12.66	11.04	0.59
9	12.83	13.33	12.47	0.40

表 2-24　年份对毛竹弦向竹条聚戊糖含量影响的显著性分析

差异源	SS	df	MS	F 值	P 值	显著性
组间	5.84281	5	1.16856	2.43858	0.06367	不显著
组内	11.5008	24	0.4792			
总计	17.3436	29				

表 2-25　不同离地高度毛竹弦向竹条聚戊糖含量的统计分析

高度/m	平均值/%	最大值/%	最小值/%	标准差
1	12.53	13.45	11.34	0.90
2	11.96	13.17	11.04	0.72
3	12.37	13.55	11.73	0.68
4	12.79	14.25	11.64	0.95
5	12.15	12.79	11.40	0.54

表 2-26　离地高度对毛竹弦向竹条聚戊糖含量影响的显著性分析

差异源	SS	df	MS	F 值	P 值	显著性
组间	2.46949	4	0.61737	1.03767	0.40753	不显著
组内	14.8741	25	0.59496			
总计	17.3436	29				

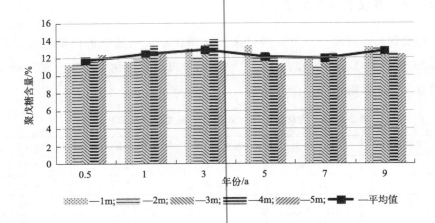

图 2-41　聚戊糖含量随年份的变化情况

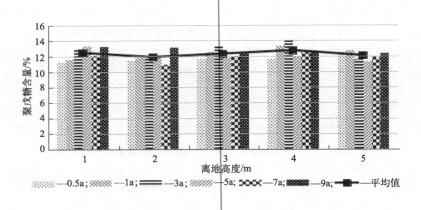

图 2-42　聚戊糖含量随离地高度的变化情况

2.2.4.4　苯醇抽提物含量分析

　　年份和离地高度对毛竹弦向竹条苯醇抽提物含量的分析结果见表 2-27～表 2-30 和图 2-43、图 2-44。从方差分析结果可以看出离地高度对苯醇抽提物含量没有显著性影响，但年份对其有显著性影响。前 5 年的平均值比较相近（0.97%～0.98%），但第 1～5 年的变异性较小，变化较平缓，到第 7 年时出现最低值，而后有小幅度的增长。且从图 2-43 可以看出，第 3 年和第 5 年的苯醇抽提物在不同高度处的含量差异性相对较小[304-308]。毛竹抽提物含量对材料的力学性能具有一定的影响，特别是抗弯强度、顺纹抗压强度和冲击强度，因此从抽提物含量来分析，第3~5年的弦向毛竹较为适合作竹基复合材料的原材料。从成分上来看，毛竹竹肉的抽提物主要是糖类和蛋白质等，对材料的胶合性能不会产生不良影响。

表 2-27　不同年份下毛竹弦向竹条苯醇抽提物含量的统计分析

年份/a	平均值/%	最大值/%	最小值/%	标准差
0.5	0.98	1.02	0.90	0.04
1	0.98	1.00	0.96	0.01
3	0.97	0.98	0.96	0.01
5	0.97	0.97	0.95	0.01
7	0.92	0.94	0.90	0.02
9	0.95	0.99	0.91	0.03

表 2-28　年份对毛竹弦向竹条苯醇抽提物含量影响的显著性分析

差异源	SS	df	MS	F 值	P 值	显著性
组间	0.01274	5	0.00255	4.36586	0.00574	显著
组内	0.014	24	0.00058			
总计	0.02674	29				

表 2-29　不同离地高度毛竹弦向竹条苯醇抽提物含量的统计分析

高度/m	平均值/%	最大值/%	最小值/%	标准差
1	0.97	1.02	0.94	0.03
2	0.95	1.00	0.90	0.03
3	0.96	1.00	0.91	0.04
4	0.97	0.99	0.94	0.02
5	0.97	1.00	0.90	0.04

表 2-30　离地高度对毛竹弦向竹条苯醇抽提物含量影响的显著性分析

差异源	SS	df	MS	F 值	P 值	显著性
组间	0.00271	4	0.00068	0.70435	0.59643	不显著
组内	0.02403	25	0.00096			
总计	0.02674	29				

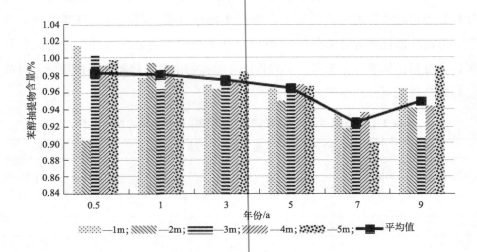

图 2-43 苯醇抽提物含量随年份的变化情况

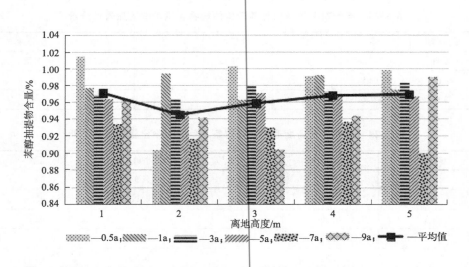

图 2-44 苯醇抽提物含量随离地高度的变化情况

2.2.5 微观形貌分析

基于上述分析结果,选择具有较高力学强度、较好润湿性和高纤维素含量的 3 年生、5 年生和 7 年生毛竹进行微观形貌观察。从图 2-45 中可以看出,维管束和轴向薄壁组织的形貌随着生长年份的不同并未表现出明显差异，这也解释了在上文力学性能测试中，3～7 年竹龄的试件测试结果比较接近的原因。然而，由图 2-45(f) 可发现，7 年生毛竹的轴向薄壁组织中填充了大量的颗粒物质，相关研究已明确，该物质是毛竹在长期生长过程中积累的淀粉成分，而这种现象在 3 年生和 5 年生毛竹的轴向薄壁组织中比较少见。这种微小淀粉颗粒的存在不会对毛竹自身的力学性能产生较大的影响，但是当采用毛竹作为竹基复合材料的原料时，颗粒的存在会影响胶黏剂的胶合界面，使得胶黏剂组分无法达到有效胶合，进而降低复合材料的胶合强度。因此，在选用毛竹为复合材料的原料时，应以轴向薄壁组织比较光滑的 3～5 年竹龄的竹材为主。

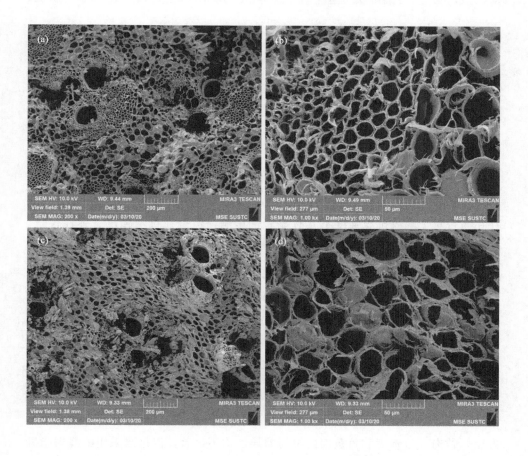

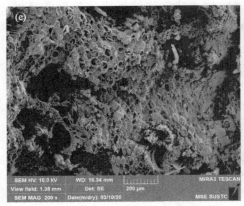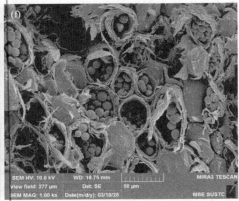

图 2-45　3 年生［图（a）、（b）］、5 年生［图（c）、（d）］
和 7 年生［图（e）、（f）］毛竹微观形貌

2.3　本章小结

①　通过测试不同竹龄和离地高度取材的毛竹试件的力学强度可知，离地高度对其力学强度的影响较小，而年份对其力学强度具有显著性影响。竹节的存在与否对于顺纹抗压强度不具有显著性影响，但是在抗弯强度、弹性模量、抗剪强度和抗拉强度方面，节间和有竹节弦向竹条之间具有显著性差异。基于力学性能测试结果综合分析，3～5 年生毛竹竹间试件的力学性能相对较好。

②　通过分析毛竹竹间和竹节的组织结构分布和组织比量与力学测试结果的关系可知，节间力学强度优于竹节力学强度的原因为：首先，竹节处的维管束纤维呈现弯曲形态，影响了其结构完整性；其次，箨环和竹隔的细胞组织穿插在纵向纤维中，使维管束长度变短，使得纤维强度下降，最终影响了含竹节毛竹的力学性能。

③　通过对毛竹蒸馏水和酚醛树脂的接触测试可知，在蒸馏水初始接触角方面，竹肉、竹青肉和竹黄肉的组间差异性均不显著，但是当采用酚醛树脂进行测试时，竹青肉的组间形成了显著差异，而竹肉和竹黄肉的组间差异性依然

不明显。综合分析蒸馏水接触角和酚醛胶接触角的测试结果可知，5年生毛竹的竹肉、竹青肉和竹黄肉的差异性相对较小，材性相对更稳定。

④ 通过测试毛竹的组分含量可知，纤维素含量对离地高度的响应不显著，而对年份有响应，且1~5年生毛竹的纤维素含量相对较高。酸不溶木质素和聚戊糖的含量在毛竹中相对较高，但年份和离地高度对其均不具有显著性影响。苯醇抽提物含量对离地高度的响应不显著，对年份有响应，且3~5年生毛竹的变异性相对较小，性质更稳定。

⑤ 通过对3年、5年和7年生毛竹的微观形貌观察可以发现，3年和5年生毛竹在微观构造上不具有明显的差异，但是7年生毛竹轴向薄壁组织中含有较多淀粉颗粒，会影响采用毛竹制备复合材料的性能。

综合本章分析结果，当采用毛竹作为复合材料用基材时，其在3~5年竹龄，3m离地条件下取样具有较好的理化性能优势。

3

预处理对毛竹弦向竹条性能影响研究

　　毛竹表面的润湿性和尺寸稳定性是影响竹基复合材料的物理力学性能的关键问题之一[309-311]。通常，在竹基材料研究中，采用冻融循环法和热处理法对竹材预处理，以提高竹材的尺寸稳定性。冻融循环处理是竹材改性的手段之一，该方法属于低温改性，偏重于竹材结构的物理优化。在冷热循环过程中，竹材的薄壁细胞和纤维鞘直径有增大的趋势，对于竹材表面润湿性有一定程度的优化；同时能够有效改善水分在竹材内部的流动，对于提高竹层积材的热压效率具有重要意义。但是不能忽视的问题是，结构的增大化，有可能是以细胞壁结构的破坏为代价，对竹材的尺寸稳定性产生不利结果[312]。高温热处理是竹材改性的主要手段，竹材处理过程中，纤维素含量相对降低，而木质素含量会相对增加，吸水性羟基的数量减少，从而在一定程度上提高尺寸稳定性。而木质素在高温热处理的过程中会部分降解为木酚素，从而对材料的耐久性有一定的优化。究其根本，高温热处理的过程是改变其化学组分的过程，不合理的处理工艺则会对竹材的物理力学性能产生过度的不良影响[313-318]。因此，探索有效的竹材预处理方法，对于竹基复合材料的性能提升、高效制备和高值化利用具有重要的现实意义。

　　根据上一章的研究结果，毛竹的竹节对于竹材的力学性能产生较大影响，但是在使用过程中去掉竹节，不但增加了工艺步骤，还造成竹资源的浪费。因此，基于对竹材预处理方法的研究现状，本研究拟通过预处理手段，改善带竹节毛竹的理化性能。以吸水性、湿胀性和接触角为评价指标，对竹节和节间进行热处理和冻融循环改性，对比研究并优选改性工艺和参数。

3.1　材料、设备和方法

3.1.1　试验材料

试验用毛竹取自福建省永安市小陶镇，基于前期研究结果，选用 5 年生毛竹，并在离地高度 3～4m 处取样。试样干燥至含水率为 15％时，将其尺寸加工为 30mm×20mm×6mm（长×宽×厚）和 30mm×20mm×6mm（长×宽×厚）两种，前者用于冻融循环改性，后者用于高温热处理改性。为了进一步分析预处理方法对含竹节试件表面润湿性和尺寸稳定性的影响，将试样分为两组，一组为无节毛竹，另一组为有节毛竹。

3.1.2　试验设备

主要试验设备见表 3-1。

表 3-1　试验设备

设备	型号	生产（供应）厂家
高温电热鼓风干燥箱	DHG-9223A	上海精宏实验设备有限公司
真空冷冻干燥机	Scientz-N	宁波新芝士生物科技有限公司
电热恒温水浴锅	DK-98-ⅡA	天津市泰斯特仪器有限公司
恒温恒湿箱	HWS-080Y	上海精宏实验设备有限公司
接触角测试仪	DSA 30	KRUSS 德国
电子秤	CP334C	奥豪斯仪器（常州）有限公司
手动进料木工圆锯机	MJ104A	上海木工机械厂

3.1.3　冻融循环改性

将试样分为有竹节和无竹节两个试验类别，调控试样初含水率，然后将试样置于冷冻温度为 −16～−20℃的试验用冰箱中预冷冻 48h，再放入真空冷冻干燥机，在冷冻温度（−56℃）下进行冷冻干燥处理，将冷冻处理后的试样取出放入密封袋，并在恒温水浴锅中进行融冰处理，并对上述过程进行循环。单因素试验参数选定为初含水率、冷冻时间、融冰温度、融冰时间和循环次数，并以接触角、吸水性和湿胀性为评价指标，结合变化曲线进行物理性能响应面设计，响应面试验的评价指标为抗弯强度、弹性模量、接触角、吸水性和湿胀性，从而得到优化改性工艺。

3.1.3.1 单因素试验

（1）初含水率

根据 GB/T 1931—2009《木材含水率测定方法》计算绝对含水率，具体参数设计见表 3-2。

表 3-2　以初含水率为变量的试验设计

初含水率/%	冷冻时间/h	融冰温度/℃	融冰时间/h	循环次数/次
15				
30				
50	6	60	3	4
80				
100				

（2）冷冻时间

冷冻时间参数设计见表 3-3。

表 3-3　以冷冻时间为变量的试验设计

初含水率/%	冷冻时间/h	融冰温度/℃	融冰时间/h	循环次数/次
	2			
	4			
50	6	60	3	4
	8			
	10			

（3）融冰温度和融冰时间

融冰温度和融冰时间的参数设计见表 3-4 和表 3-5。

表 3-4   以融冰温度为变量的试验设计

初含水率/%	冷冻时间/h	融冰温度/℃	融冰时间/h	循环次数/次
50	6	30	3	4
		50		
		60		
		70		
		80		

表 3-5   以融冰时间为变量的试验设计

初含水率/%	冷冻时间/h	融冰温度/℃	融冰时间/h	循环次数/次
50	6	60	1	4
			2	
			3	
			4	
			5	

（4）循环次数

冻融循环次数的参数设计见表 3-6。

表 3-6   以循环次数为变量的试验设计

初含水率/%	冷冻时间/h	融冰温度/℃	融冰时间/h	循环次数/次
50	6	60	3	2
				3
				4
				5
				6

3.1.3.2   响应面分析

依据单因素试验分析结果，融冰时间对评价指标不具备显著性影响，因此选定初含水率、冷冻时间、融冰温度和循环次数进行响应面设计，并基于单因素变化曲线重新设定参数变化范围，4 因素 3 水平响应面试验设计见表 3-7，每组重复次数为 5 次。此外，单因素试验结果显示，竹节和节间的差异性不显著，因此响应面试验不区分竹节和节间，随机制样。

表 3-7 冻融循环改性响应面优化设计

组号	初含水率/%	冷冻时间/h	融冰温度/℃	循环次数/次
1	80	6	70	3
2	47.5	4	70	3
3	47.5	8	50	2
4	47.5	6	30	4
5	47.5	4	50	4
6	47.5	6	50	3
7	15	6	70	3
8	47.5	6	50	3
9	15	6	50	4
10	47.5	6	70	4
11	15	6	50	2
12	15	6	30	3
13	15	8	50	3
14	80	6	50	2
15	47.5	8	30	3
16	80	6	30	3
17	47.5	4	50	2
18	15	4	50	3
19	47.5	8	50	4
20	47.5	6	30	2
21	47.5	8	70	3
22	47.5	6	70	2
23	47.5	4	30	3
24	80	4	50	3
25	47.5	6	50	3
26	80	6	50	4
27	80	8	50	3

3.1.4 高温热处理改性

将试样分为有竹节和无竹节两个试验类别，调控试样初含水率，然后将试样进行高温热处理。单因素试验参数选定为初含水率、热处理时间和热处理温度，并以接触角、吸水性和湿胀性为评价指标，通过单因素试验去除不具有显著性影响的因子，并结合变化曲线进行响应面设计，响应面试验的评价指标为抗弯强度、弹性模量、接触角、吸水性和湿胀性，从而得到优化改性工艺。

3.1.4.1 单因素试验

（1）初含水率

初含水率参数设计见表 3-8。

表 3-8　以初含水率为变量的试验设计

初含水率/%	热处理温度/℃	热处理时间/h
10		
20		
30	160	5
40		
50		

（2）热处理温度

热处理温度参数设计见表 3-9。

表 3-9　以热处理温度为变量的试验设计

初含水率/%	热处理温度/℃	热处理时间/h
	120	
	140	
30	160	5
	180	
	200	

（3）热处理时间

热处理时间参数设计见表 3-10。

表 3-10　以热处理时间为变量的试验设计

初含水率/%	热处理温度/℃	热处理时间/h
30	160	1
		3
		5
		7
		9

3.1.4.2　响应面试压

依据单因素试验分析结果，初含水率对评价指标不具备显著性影响。因此选定热处理温度和热处理时间进行响应面设计，并基于单因素变化曲线重新设定参数变化范围，2 因素 3 水平响应面试验设计见表 3-11，每组重复次数为 5 次。

表 3-11　高温热处理改性响应面优化设计

组号	热处理温度/℃	热处理时间/h
1	170	6
2	140	6
3	170	3
4	170	6
5	200	3
6	140	9
7	200	6
8	170	6
9	170	9
10	200	9
11	170	6
12	140	3
13	170	6

3.1.5 性能测试

3.1.5.1 接触角测试

调试接触角测试仪，将高温热处理后的试样置于观测台上，调整观测台位置，以蒸馏水为测试液，选用一次性针头，在重力的作用下，使水滴滴落在试样表面，由于水滴会快速渗透到试样内部，无法获得平衡接触角，因此测定初始接触角和5s后的接触角（简称"5S接触角"）。

3.1.5.2 吸水性测试

根据 GB/T 1934.1—2009[319] 将毛竹弦向竹片试样放入 60℃ 的烘箱内，干燥240min，然后将毛竹弦向竹片试样放入103℃±2℃的烘箱内干燥至绝干，取出毛竹弦向竹片试样并冷却后进行称量。毛竹弦向竹片试样放入烘箱8h后进行第一次测量，而后每隔2h测量一次，当前后两次测定的质量差不超过0.5％时，认为毛竹弦向竹片试样全干。然后将毛竹弦向竹片试样放入盛有蒸馏水的烧杯中，并将此时的放入时间点记为 t_1；将毛竹弦向竹片试样压入水面以下至少5cm，并将烧杯放入20℃±2℃的水浴锅中恒温静置。距离时间点 t_1 为360min时进行第一次称量，而后距时间点 t_1 间隔24h、48h、96h和192h进行测量，一直到最后两次的含水率之差小于5％，认定毛竹弦向竹片试样达到最大的含水率。如果192h之后没有达到要求，则根据计算结果绘制吸水性曲线，然后确定合适的时间间隔再去称量。

3.1.5.3 湿胀性测试

根据 GB/T 1934.2—2009[320] 将毛竹弦向竹片试样放入 60℃烘箱内，干燥240min，然后将毛竹弦向竹片试样放入103℃±2℃的烘箱内干燥至绝干，取出毛竹弦向竹片试样，待冷却后，测定弦向尺寸、径向尺寸和顺纹方向的纵向尺寸，测量结果精确到0.001mm。而后将毛竹弦向竹片试样放在 20℃±2℃和65％±3％相对湿度的恒温恒湿箱中至尺寸稳定，并将放入的时间点记

为 t_1，每间隔 360min 后取出测量其弦向尺寸，当前后两次测量的弦向尺寸差值小于 0.2mm 时，就认定毛竹弦向竹片试样的尺寸达到稳定，并测量弦向尺寸、径向尺寸和纵向尺寸，精确至 0.001mm。

3.1.5.4 力学性能测试

依据 GB/T 15780—1995《竹材物理力学性质试验方法》[321] 对毛竹有竹节和节间弦向竹片的抗弯强度和抗弯弹性模量进行测定，测定含水率，去除误差值后进行数据分析。为了对比预处理前后的力学性能变化情况，挑选平直、无缺陷的弦向竹片，竹片规格为 600mm×20mm×6mm（长×宽×厚）。将预处理前（后）竹片同向平行组坯热压成 12mm 厚的竹层积材，热压温度为 105℃，热压主压力为 10MPa，热压侧压力为 2MPa，热压时间为 8min。热压后的板坯陈放 48h 后进行测试样加工，测试样尺寸（长×宽×厚）为 290mm×50mm×12mm，编号后置于 20℃，65% 相对湿度的环境下放置到质量恒定，再依据 GB/T 17657—2013《人造板及饰面人造板理化性能试验方法》[322] 对预处理前后竹层积材的横（纵）静曲强度、横（纵）弹性模量进行测量。

3.1.5.5 微观形貌分析

将预处理前后的试样烘至绝干，然后制成长×宽×厚为 5mm×5mm×6mm 的样品，并用导电胶将其粘接到样品座上，放入真空喷镀仪内，在真空下以旋转的方式将铂金喷射到样品表面，喷镀层厚度为 7.9nm，以形成导电的表面。将日立 SU8010 冷场发射扫描电子显微镜调节到最佳工作状态，然后把样品及样品座一起放入电镜样品室，对竹片表面进行电镜扫描观察[323,324]。

3.1.5.6 结晶度测定

利用 X 射线衍射技术分析预处理前后试样的微晶结构特征，连续扫描得到试样的 X 射线衍射峰图，并计算结晶度。扫描范围为 10°～80°，步长为 0.02°，扫描速度为 5(°)/min，管流、管压为 40mA 和 40kV[325-327]。

3.2 结果与分析

3.2.1 冻融循环改性

3.2.1.1 单因素试验

（1）初含水率

如表 3-12 所示，初含水率对经冻融循环预处理的竹节和节间的接触角具有显著性影响，且竹节和节间接触角的差异性显著[328-329]。从变化趋势来看（图 3-1），随着初含水率的增加，接触角均呈现逐渐下降的趋势，这可能是由于在初含水率较高情况下，冻融处理使得毛竹细胞腔扩大，产生了较好的润湿性。节间的接触角要大于竹节的接触角，且随着初含水率的增加，两者的差异性减小。初含水率大于 80% 后，接触角的变化趋于平缓。

表 3-12　初含水率对竹节及节间接触角的显著性影响分析

组别	差异源	SS	df	MS	F 值	P 值
节间	组间	5099.085	4	1274.771	10.13579	5.11×10^{-5}
	组内	3144.233	25	125.7693		
	总计	8243.319	29			
竹节	组间	1623.381	4	405.8453	6.975464	0.000648
	组内	1454.546	25	58.18183		
	总计	3077.927	29			
节间与竹节	组间	1181.062	1	1181.062	8.433061	0.019771
	组内	1120.411	8	140.0514		
	总计	2301.473	9			

初含水率对竹节和节间的湿胀性具有显著性影响，但竹节和节间湿胀性的差异性不显著（表 3-13）。从变化趋势来看（图 3-2），随着初含水率的增加，湿胀率呈现先增加后减少的趋势，这是由于当初含水率在 50% 以下时，处理后的毛竹含水率处于纤维饱和点以下，所以湿胀性更加明显，而当初含水率大于 80% 时，干燥后的毛竹含水率依然在 30% 的纤维饱和点之上，所以湿胀表

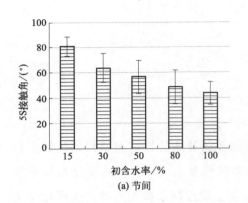

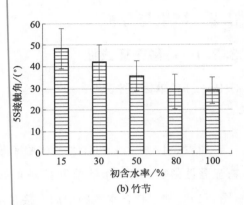

图 3-1   初含水率对 5S 接触角的影响

现不明显。通过对比，节间的湿胀率大于竹节的湿胀率，这是由于节间的毛竹试件纤维排列更加规则，而含竹节试件的内部纤维排列较乱，干缩湿胀表现不明显。

表 3-13   初含水率对竹节及节间湿胀性的显著性影响分析

组别	差异源	SS	df	MS	F 值	P 值
节间	组间	1.63594	4	0.40899	6.72918	0.00678
	组内	0.60778	10	0.06078		
	总计	2.24372	14			
竹节	组间	2.83417	4	0.70854	40.859	3.6×10^{-6}
	组内	0.17341	10	0.01734		
	总计	3.00758	14			
节间与竹节	组间	0.38748	1	0.38748	2.08037	0.18719
	组内	1.49004	8	0.18625		
	总计	1.87751	9			

初含水率对竹节和节间的吸水性具有显著性影响，但竹节和节间吸水性的差异性不显著（表 3-14）。从变化趋势来看（图 3-3），随着初含水率的增加，吸水性均呈现逐渐增加的趋势，这是由于初含水率越高，冻融处理对细胞腔的增大作用越明显，使得竹材润湿性增强。

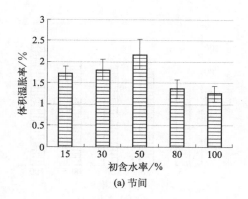

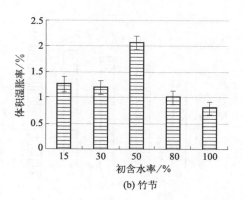

图 3-2　初含水率对湿胀性的影响

表 3-14　初含水率对竹节及节间吸水性的显著性影响分析

组别	差异源	SS	df	MS	F 值	P 值
节间	组间	1832.26	4	458.064	8.96369	0.00242
	组内	511.022	10	51.1022		
	总计	2343.28	14			
竹节	组间	1894.88	4	473.719	7.56499	0.0045
	组内	626.199	10	62.6199		
	总计	2521.08	14			
节间与竹节	组间	68.9856	1	68.9856	0.44422	0.52385
	组内	1242.38	8	155.297		
	总计	1311.36	9			

（2）冷冻时间

　　冷冻时间对竹节和节间的接触角具有显著性影响，但竹节和节间接触角的差异性不显著（表 3-15）。从变化趋势来看（图 3-4），随着冷冻时间的增加，接触角均呈现先下降后上升的趋势，这可能是由于冷冻干燥时间的适当增加使得冻融处理后的竹材含水率和结构达到平衡状态，促进了表面润湿，而当冷冻时间超过 6h 时，毛竹含水率过低而导致细胞结构塌陷，阻碍了水分的浸润，进而影响到了润湿性。冷冻时间为 6h 时，接触角为 80°左右，具有较为理想

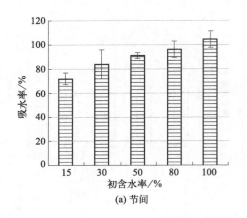 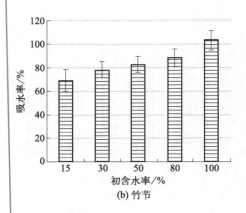

图 3-3　初含水率对吸水性的影响

的表面润湿性。

　　冷冻时间对节间和竹节的湿胀性有显著性影响，而竹节和节间湿胀率的差异性不显著（表 3-16）。从变化趋势来看（图 3-5），8h 之前，湿胀率均随着冷冻时间的增加而增加，在 10h 后则有所降低，该原因依然是冷冻时间的增加改变了毛竹的含水率，而当时间延长至 10h 时，冻融处理对细胞壁结构产生破坏。对比发现，4h 前，竹节和节间的湿胀率较为接近，4h 后竹节的湿胀率大于节间的湿胀率。

表 3-15　冷冻时间对竹节及节间接触角的显著性影响分析

组别	差异源	SS	df	MS	F 值	P 值
节间	组间	2374.03	4	593.508	8.17683	0.00023
	组内	1814.6	25	72.5841		
	总计	4188.63	29			
竹节	组间	1217.06	4	1217.06	5.31823	0.00307
	组内	1430.3	25	1430.3		
	总计	2647.36	29			
节间与竹节	组间	25.334	1	25.334	0.33862	0.57665
	组内	598.516	8	74.8145		
	总计	623.85	9			

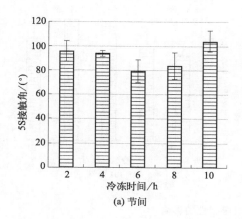
(a) 节间

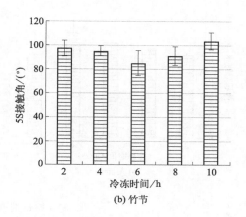
(b) 竹节

图 3-4　冷冻时间对 5S 接触角的影响

表 3-16　冷冻时间对竹节及节间湿胀性的显著性影响分析

组别	差异源	SS	df	MS	F 值	P 值
节间	组间	10.2523	4	2.56307	1.03426	0.43622
	组内	24.7816	10	2.47816		
	总计	35.0339	14			
竹节	组间	26.5586	4	6.63966	4.24979	0.02891
	组内	15.6235	10	1.56235		
	总计	42.1821	14			
节间与竹节	组间	3.45789	1	3.45789	2.25448	0.17163
	组内	12.2703	8	1.53379		
	总计	15.7282	9			

　　冷冻时间对节间的吸水性具有显著性影响，对竹节的吸水性不具有显著性影响，而竹节和节间吸水性的差异性不显著（表 3-17）。从变化趋势来看（图 3-6），吸水率呈现先增加后逐渐降低的趋势，对比来看，竹节的吸水率要大于节间的吸水率。

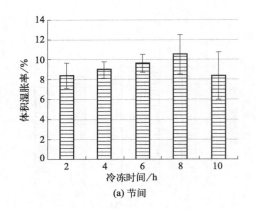

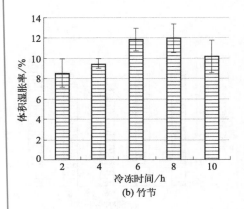

图 3-5　冷冻时间对湿胀性的影响

表 3-17　冷冻时间对竹节及节间吸水性的显著性影响分析

组别	差异源	SS	df	MS	F 值	P 值
	组间	2401.88	4	600.47	3.69204	0.04271
节间	组内	1626.39	10	162.639		
	总计	4028.27	14			
	组间	1105.83	4	276.458	1.13346	0.39473
竹节	组内	2439.07	10	243.907		
	总计	3544.9	14			
	组间	53.5476	1	53.5476	0.36638	0.56176
节间与竹节	组内	1169.24	8	146.155		
	总计	1222.78	9			

（3）融冰温度

融冰温度对节间和竹节的接触角具有显著性影响，而竹节和节间接触角的差异性不显著（表 3-18）。从变化趋势来看（图 3-7），节间的接触角先下降后上升，而竹节的接触角存在波动性。对比发现，在低于 50℃ 的时候，节间和竹节的接触角较为相近。

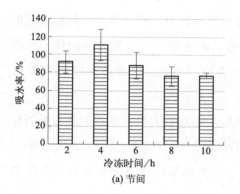
(a) 节间

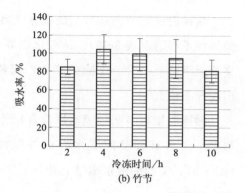
(b) 竹节

图 3-6　冷冻时间对吸水性的影响

表 3-18　融冰温度对竹节及节间接触角的显著性影响分析

组别	差异源	SS	df	MS	F 值	P 值
节间	组间	2233.6	4	558.401	2.7366	0.04418
	组内	7141.71	35	204.049		
	总计	9375.32	39			
竹节	组间	1459.09	4	364.772	2.79385	0.04102
	组内	4569.68	35	130.562		
	总计	6028.77	39			
节间与竹节	组间	122.675	1	122.675	2.12615	0.18292
	组内	461.587	8	57.6983		
	总计	584.262	9			

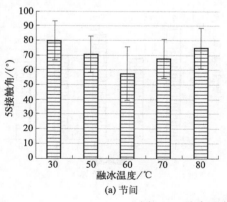
(a) 节间

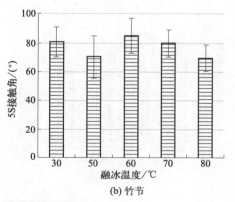
(b) 竹节

图 3-7　融冰温度对 5S 接触角的影响

融冰温度对节间和竹节的湿胀性具有显著性影响，而竹节和节间湿胀性的差异性不显著（表 3-19）。从变化趋势来看（图 3-8），竹节和节间的体积湿胀率均呈下降→上升→下降的趋势，两者的值比较相近，且融冰温度在 50℃时出现最小值。

融冰温度对节间的吸水性具有显著性影响，对竹节的吸水性不具有显著性影响，而竹节和节间吸水性的差异性不显著（表 3-20）。从变化趋势来看（图 3-9），节间的吸水率呈上升→下降→上升的趋势，竹节的吸水率呈下降再上升的趋势。

表 3-19　融冰温度对竹节及节间湿胀性的显著性影响分析

组别	差异源	SS	df	MS	F 值	P 值
节间	组间	30.7094	4	7.67736	3.49412	0.03309
	组内	32.9583	15	2.19722		
	总计	63.6678	19			
竹节	组间	30.4417	4	7.61042	3.7399	0.02648
	组内	30.5239	15	2.03493		
	总计	60.9656	19			
节间与竹节	组间	0.61845	1	0.61845	0.32363	0.58505
	组内	15.2878	8	1.91097		
	总计	15.9062	9			

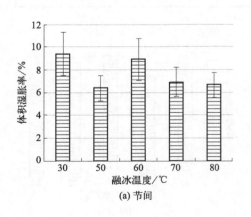

(a) 节间

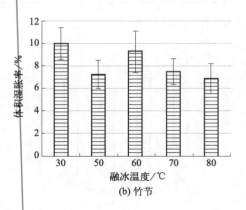

(b) 竹节

图 3-8　融冰温度对湿胀性的影响

表 3-20　融冰温度对竹节及节间吸水性的显著性影响分析

组别	差异源	SS	df	MS	F 值	P 值
节间	组间	1614.86	4	403.715	4.22771	0.01729
	组内	1432.39	15	95.4926		
	总计	3047.25	19			
竹节	组间	487.351	4	121.838	0.83502	0.52633
	组内	2200.5	15	146.7		
	总计	2687.85	19			
节间与竹节	组间	0.00534	1	0.00534	8.1×10^{-5}	0.99302
	组内	525.558	8	65.6941		
	总计	525.558	9			

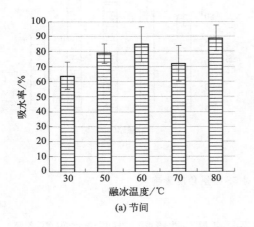
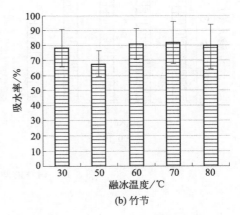

图 3-9　融冰温度对吸水性的影响

（4）融冰时间

融冰时间对节间的接触角不具有显著性影响，对竹节的接触角具有显著性影响，而竹节和节间接触角的差异性显著（表 3-21）。从变化趋势来看（图 3-10），两者均呈先上升再下降的趋势，且竹节的接触角要大于节间的接触角。

表 3-21   融冰时间对竹节及节间接触角的显著性影响分析

组别	差异源	SS	df	MS	F 值	P 值
节间	组间	847.7672	4	211.9418	1.458169	0.230757
	组内	6540.656	45	145.3479		
	总计	7388.423	49			
竹节	组间	2676.669	4	669.1673	4.044201	0.006935
	组内	7445.854	45	165.4634		
	总计	10122.52	49			
节间与竹节	组间	312.9284	1	312.9284	7.103056	0.028576
	组内	352.4436	8	44.05545		
	总计	665.372	9			

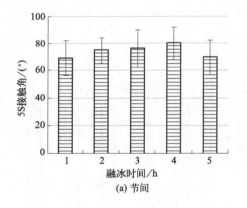
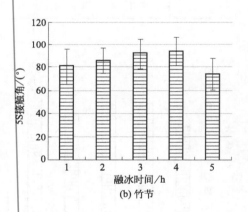

图 3-10   融冰时间对 5S 接触角的影响

融冰时间对节间和竹节的湿胀性均不具有显著性影响,但两者之间的差异具有显著性影响,即竹节的湿胀率要大于节间的湿胀率(表 3-22 和图 3-11)。

表 3-22   融冰时间对竹节及节间湿胀性的显著性影响分析

组别	差异源	SS	df	MS	F 值	P 值
节间	组间	26.89007	4	6.722516	2.651516	0.063399
	组内	50.70697	20	2.535348		
	总计	77.59703	24			

续表

组别	差异源	SS	df	MS	F 值	P 值
竹节	组间	73.67362	4	18.4184	2.838679	0.051528
	组内	129.7674	20	6.488372		
	总计	203.441	24			
节间与竹节	组间	36.89271	1	36.89271	14.67437	0.005013
	组内	20.11274	8	2.514092		
	总计	57.00544	9			

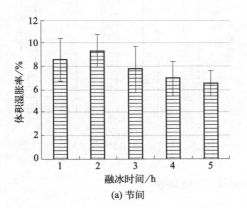
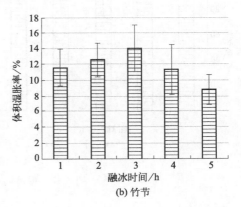

图 3-11　融冰时间对湿胀性的影响

　　而从表 3-23 和图 3-12 可知，融冰时间对节间和竹节的吸水性不具有显著影响，且两者的差异也不具有显著性影响。

表 3-23　融冰时间对竹节及节间吸水性的显著性影响分析

组别	差异源	SS	df	MS	F 值	P 值
节间	组间	348.1102	4	87.02755	0.580426	0.680268
	组内	2998.749	20	149.9375		
	总计	3346.859	24			
竹节	组间	199.2475	4	49.81187	1.123899	0.373262
	组内	886.4116	20	44.32058		
	总计	1085.659	24			

续表

组别	差异源	SS	df	MS	F 值	P 值
节间与竹节	组间	455.814	1	455.814	33.31014	5.317655
	组内	109.4715	8	13.68394		
	总计	565.2856	9			

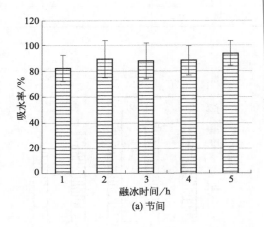
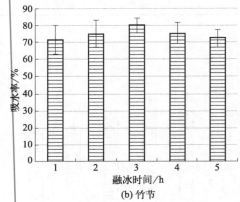

图 3-12　融冰时间对吸水性的影响

（5）循环次数

循环次数对竹节和节间的接触角具有显著性影响，但两者之间的差异不具有显著性影响（表 3-24）。从变化趋势来看（图 3-13），循环次数小于或等于 3 次时，节间的接触角在 $80°\sim 90°$ 之间，大于 3 次后，节间的接触角在 $70°$ 左右波动；循环次数小于或等于 4 次时，竹节的接触角在 $80°$ 左右波动，大于 5 次时，竹节的接触角在 $50°$ 左右波动。

表 3-24　循环次数对竹节及节间接触角的显著性影响分析

组别	差异源	SS	df	MS	F 值	P 值
节间	组间	3304.2	4	826.051	12.1057	1.3×10^{-5}
	组内	1705.91	25	68.265		
	总计	5010.11	29			

组别	差异源	SS	df	MS	F 值	P 值
竹节	组间	8465.58	4	2116.4	21.425	8.9×10^{-8}
	组内	2469.54	25	98.7818		
	总计	10935.1	29			
节间与竹节	组间	177.185	1	177.185	0.7226	0.42
	组内	1961.63	8	245.204		
	总计	2138.82	9			

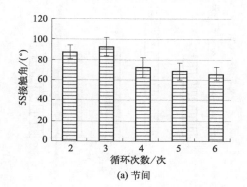

(a) 节间

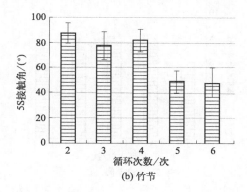

(b) 竹节

图 3-13 循环次数对 5S 接触角的影响

循环次数对竹节和节间的湿胀性均不具有显著性影响,且两者之间的差异也不具有显著性影响(表 3-25)。从变化趋势来看(图 3-14),湿胀率均出现先上升后逐渐下降的情况,且循环次数为 2 时出现相对较低的湿胀率。对比而言,竹节的湿胀率稍高于节间的湿胀率。

表 3-25 循环次数对竹节及节间湿胀性的显著性影响分析

组别	差异源	SS	df	MS	F 值	P 值
节间	组间	9.23447	4	2.30862	1.62364	0.24314
	组内	14.2188	10	1.42188		
	总计	23.4533	14			
竹节	组间	19.5865	4	4.89663	3.27812	0.05817
	组内	14.9373	10	1.49373		
	总计	34.5239	14			

组别	差异源	SS	df	MS	F 值	P 值
节间与竹节	组间	2.33302	1	2.3302	1.94276	0.20087
	组内	9.607	8	1.20088		
	总计	11.94	9			

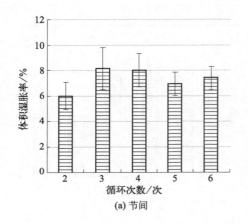
(a) 节间

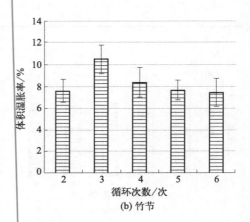
(b) 竹节

图 3-14　循环次数对湿胀性的影响

循环次数对竹节和节间的吸水性均具有显著性影响，但两者之间的差异不具有显著性影响（表 3-26）。从变化趋势来看（图 3-15），随着循环次数的增加，吸水性呈现逐渐增加的情况，循环次数为 2 时的吸水率相对最低。对比来看，竹节的吸水率稍低于节间的吸水率。

表 3-26　循环次数对竹节及节间吸水性的显著性影响分析

组别	差异源	SS	df	MS	F 值	P 值
节间	组间	1157.74	4	289.435	10.8742	0.00116
	组内	266.168	10	26.6168		
	总计	1423.91	14			
竹节	组间	2417.74	4	604.435	3.98438	0.03469
	组内	1517.01	10	151.701		
	总计	3934.75	14			

组别	差异源	SS	df	MS	F 值	P 值
节间与竹节	组间	211.36	1	211.36	1.41873	0.26775
	组内	1191.83	8	148.978		
	总计	1403.19	9			

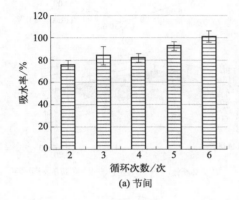

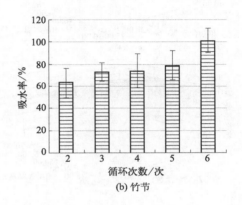

图 3-15　循环次数对吸水性的影响

　　综上所述，采用冻融循环预处理毛竹，能够得到较好的润湿性和尺寸稳定性。而且，研究发现冻融循环处理对毛竹节间和含竹节试件的性能均产生提升作用，这为高效利用毛竹资源提供了科学依据。但是，该现象对物理性能的影响以及其具体产生机理尚不明确，因此针对这一问题，通过进一步实验在下文展开研究。

3.2.1.2　响应面试验

（1）抗弯强度和弹性模量

　　抗弯强度的响应面分析结果见表 3-27，得知融冰温度、初含水率、冷冻时间和循环次数对抗弯强度具有显著性影响，此外，融冰温度和初含水率的交互作用对抗弯强度也具有显著性影响[330,331]。根据融冰温度与初含水率交互

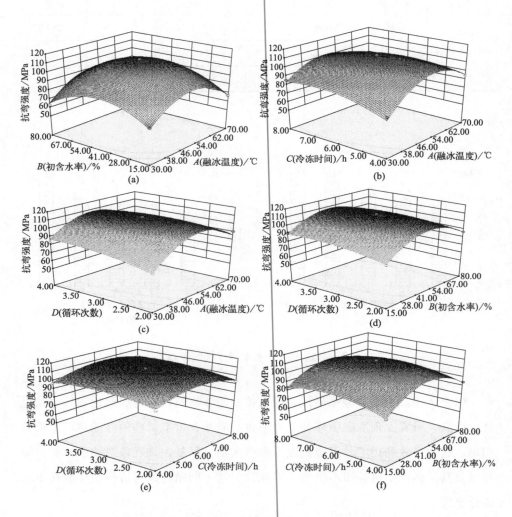

图 3-16 交互作用对抗弯强度的响应面分析图

作用的响应面图［图 3-16(a)］分析可知，在融冰温度为 30～40℃，初含水率为 15％～30％时可以获得较为理想的抗弯强度，约为 120MPa。冷冻时间和循环次数与抗弯强度呈负相关关系，减少冷冻时间和循环次数有利于提高抗弯强度。

表 3-27 抗弯强度方差分析表❶

差异源	平方和	df	均方差	F 值	P 值
显著性数值	1251.61	14	89.40	7.07	0.0008
A（融冰温度）	529.34	1	529.34	41.85	<0.0001
B（初含水率）	216.75	1	216.75	17.14	0.0014
C（冷冻时间）	64.40	1	64.40	5.09	0.0435
D（循环次数）	73.51	1	73.51	5.81	0.0329
AB	84.64	1	84.64	6.69	0.0238
AC	4.20	1	4.20	0.33	0.5750
AD	0.01	1	0.01	7.907×10^{-4}	0.9780
BC	6.25	1	6.25	0.49	0.4955
BD	0.040	1	0.040	3.163×10^{-3}	0.9561
CD	0.023	1	0.023	1.779×10^{-3}	0.9671
A^2	68.32	1	68.32	5.40	0.0385
B^2	189.87	1	189.87	15.01	0.0022
C^2	64.09	1	64.09	5.07	0.0439
D^2	0.84	1	0.84	0.066	0.8015
残差	151.77	12	12.65		
失拟项	145.82	10	14.58	4.90	0.1811
纯错误	5.95	2	2.97		
总数	1403.39	26			

弹性模量的响应面分析结果见表 3-28，得知融冰温度、初含水率和冷冻时间对弹性模量具有显著性影响。由图 3-17 可知，在融冰温度为 30～40℃，初含水率为 15%～30%，冷冻时间为 4～5h，循环次数为 2～3 次时可以获得

❶ 本表及后文类似表的横表头中，Source 代表差异源，其他项含义已在表 2-2 相应页下注中说明；纵表头中，Model 代表显著性值，*AB*、*AC*、*AD* 等不代表两值相乘而是指交互作用（如 *AB* 是指 *A* 与 *B* 交互作用），A^2、B^2 等分别指 *A*、*B* 等数值的平方。

较为理想的弹性模量，约为 9600MPa。

表 3-28　弹性模量方差分析表

差异源	平方和	df	均方差	F 值	P 值
显著性数值	7.717×10^5	14	55121.79	5.92	0.0019
A（融冰温度）	2.955×10^5	1	2.955×10^5	31.71	0.0001
B（初含水率）	1.588×10^5	1	1.588×10^5	17.04	0.0014
C（冷冻时间）	64856.40	1	64856.40	6.96	0.0216
D（循环次数）	43705.47	1	43705.47	4.69	0.0512
AB	14400.00	1	14400.00	1.55	0.2376
AC	7250.52	1	7250.52	0.78	0.3951
AD	1892.25	1	1892.25	0.20	0.6603
BC	3850.20	1	3850.20	0.41	0.5325
BD	4529.29	1	4529.29	0.49	0.4990
CD	1936.00	1	1936.00	0.21	0.6567
A^2	24894.59	1	24894.59	2.67	0.1281
B^2	1.340×10^5	1	1.340×10^5	14.38	0.0026
C^2	48548.00	1	48548.00	5.21	0.0415
D^2	35.82	1	35.82	3.844×10^{-3}	0.9516
残差	1.118×10^5	12	9318.55		
失拟项	1.067×10^5	10	10668.92	4.16	0.2094
纯错误	5133.38	2	2566.69		
总数	8.835×10^5	26			

（2）接触角

接触角的响应面分析结果见表 3-29，得知融冰温度和循环次数对接触角具有显著性影响，此外，融冰温度和冷冻时间的交互作用及融冰温度和循环

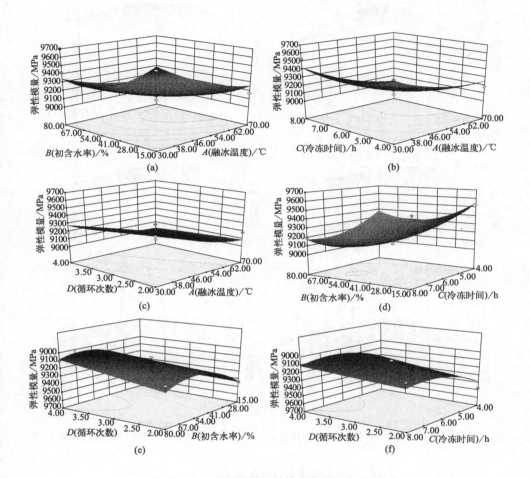

图 3-17　交互作用对抗弯弹性模量的响应面分析图

次数的交互作用对接触角也具有显著性影响。根据融冰温度与冷冻时间交互
作用的响应面图 [图 3-18(b)] 分析可知，在融冰温度为 40～60℃，冷冻时
间为 5～7h 时可以获得较为理想的接触角。进一步由融冰温度和循环次数交
互作用的响应面图 [图 3-18(c)] 分析可知，在融冰温度为 40～60℃，循环
次数为 3～4 次时可以获得较为理想的接触角，而初含水率对接触角影响不
显著。

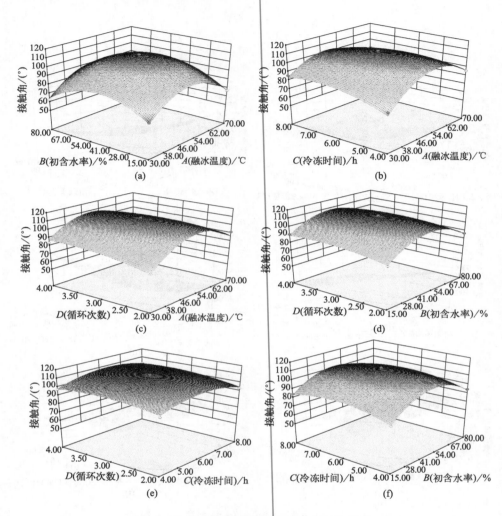

图 3-18　交互作用对接触角的响应面分析图

表 3-29　接触角方差分析表

差异源	平方和	df	均方差	F 值	P 值
显著性数值	4234.26	14	302.45	35.89	<0.0001
A(融冰温度)	49.33	1	49.33	5.85	0.0323
B(初含水率)	7.30	1	7.30	0.87	0.3703
C(冷冻时间)	8.64	1	8.64	1.02	0.3313
D(循环次数)	70.04	1	70.04	8.31	0.0138
AB	10.99	1	10.99	1.30	0.2757

续表

差异源	平方和	df	均方差	F 值	P 值
AC	154.75	1	154.75	18.37	0.0011
AD	59.14	1	59.14	7.02	0.0212
BC	5.90	1	5.90	0.70	0.4189
BD	11.19	1	11.19	1.33	0.2716
CD	4.49	1	4.49	0.53	0.4792
A^2	2769.34	1	2769.34	328.67	<0.0001
B^2	1983.18	1	1983.18	235.37	<0.0001
C^2	354.54	1	354.54	42.08	<0.0001
D^2	94.06	1	94.06	11.16	0.0059
残差	101.11	12	8.43		
失拟项	96.51	10	9.65	4.19	0.2080
纯错误	4.61	2	2.30		
总数	4335.37	26			

（3）湿胀性

湿胀性的响应面分析结果见表 3-30，得知融冰温度和初含水率对湿胀率具有显著性影响，此外，初含水率和循环次数的交互作用对湿胀率也具有显著性影响。根据初含水率和循环次数交互作用的响应面图 [图 3-19(e)] 分析可知，在初含水率为 15%～30%，循环次数为 2～3 次时可以获得相对较低的湿胀率。其次，从单因素分析来看，融冰温度为 30～40℃时的湿胀率相对较低，而冷冻时间对湿胀率的影响不显著。

表 3-30 湿胀率方差分析表

差异源	平方和	df	均方差	F 值	P 值
显著性数值	44.09	14	3.15	75.68	<0.0001
A（融冰温度）	0.29	1	0.29	6.93	0.0219
B（初含水率）	0.22	1	0.22	5.32	0.0397
C（冷冻时间）	0.063	1	0.063	1.52	0.2419
D（循环次数）	5.633×10^{-3}	1	5.633×10^{-3}	0.14	0.7193
AB	6.250×10^{-4}	1	6.250×10^{-4}	0.015	0.9045
AC	0.063	1	0.063	1.50	0.2439
AD	9.025×10^{-3}	1	9.025×10^{-3}	0.22	0.6498
BC	0.042	1	0.042	1.01	0.3348
BD	0.35	1	0.35	8.51	0.0129
CD	0.012	1	0.012	0.29	0.5996
A^2	8.16	1	8.16	195.99	<0.0001

续表

差异源	平方和	df	均方差	F 值	P 值
B^2	38.89	1	38.89	934.55	<0.0001
C^2	1.32	1	1.32	31.77	0.0001
D^2	0.64	1	0.64	15.40	0.0020
残差	0.50	12	0.042		
失拟项	0.48	10	0.048	4.65	0.1899
纯错误	0.021	2	0.010		
总数	44.59	26			

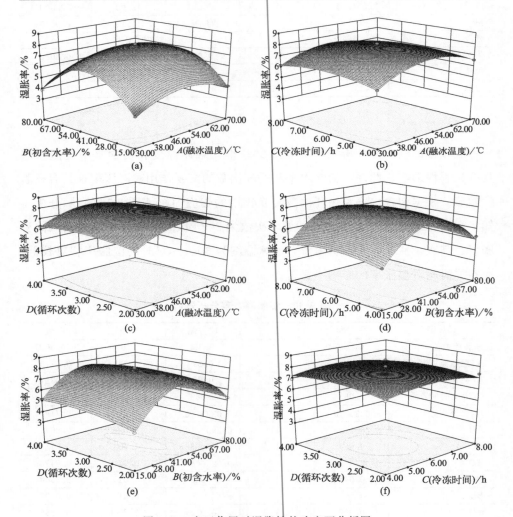

图 3-19　交互作用对湿胀性的响应面分析图

（4）吸水性

吸水性的响应面分析结果见表 3-31，得知融冰温度和初含水率对吸水率具有显著性影响，其次，初含水率和冷冻时间的交互作用对吸水率也具有显著性影响。根据初含水率和冷冻时间交互作用的响应面图［图 3-20(d)］分析可知，在初含水率为 15％～35％，冷冻时间为 5～8h 时可以获得相对较低的吸水率。其次，从单因素分析来看，融冰温度为 40～50℃时的吸水率相对较低，而循环次数对吸水率的影响不显著。

表 3-31 吸水率方差分析表

差异源	平方和	df	均方差	F 值	P 值
显著性数值	1042.31	14	74.45	10.43	0.0001
A（融冰温度）	50.98	1	50.98	7.15	0.0203
B（初含水率）	795.69	1	795.69	111.52	<0.0001
C（冷冻时间）	7.31	1	7.31	1.02	0.3315
D（循环次数）	0.21	1	0.21	0.029	0.8668
AB	14.65	1	14.65	2.05	0.1775
AC	26.27	1	26.27	3.68	0.0791
AD	9.21	1	9.21	1.29	0.2780
BC	42.12	1	42.12	5.90	0.0318
BD	1.30	1	1.30	0.18	0.6770
CD	4.68	1	4.68	0.66	0.4339
A^2	61.42	1	61.42	8.61	0.0125
B^2	25.87	1	25.87	3.63	0.0811
C^2	12.46	1	12.46	1.75	0.2110
D^2	0.73	1	0.73	0.10	0.7544
残差	85.62	12	7.13		
失拟项	84.51	10	8.45	15.25	0.0631
纯错误	1.11	2	0.55		
总数	1127.93	26			

综上分析，冻融循环的优化工艺参数为：初含水率为 15％～30％，融冰温度为 40℃，融冰时间为 2h，冷冻时间为 5h，循环次数为 3 次。

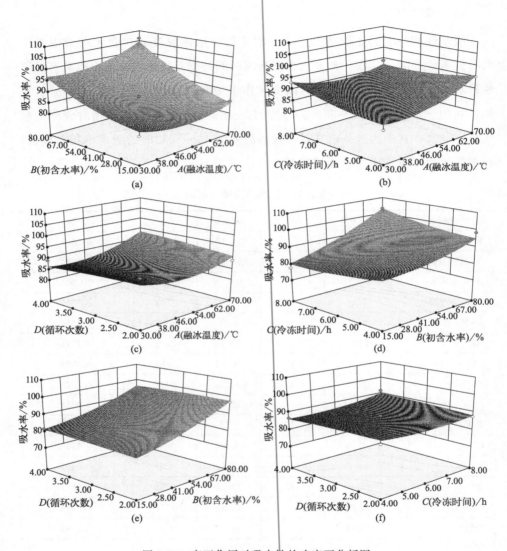

图 3-20　交互作用对吸水性的响应面分析图

3.2.1.3　性能分析与作用机理解析

（1）力学性能

冻融循环处理降低了竹层积材的横（纵）向抗弯强度和横（纵）向弹性模量，且具有显著性差异。如图 3-21 所示，横向抗弯强度下降了约 16%，纵向抗弯强度下降了约 10.3%，横向弹性模量降低了约 10.2%，纵向弹性模量降低了约 7%[332-334]。这些现象可能与冻融处理对竹材含水率和内部结构的影响有关。

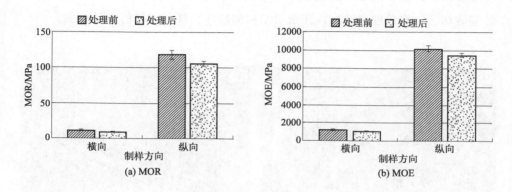

图 3-21　冻融循环处理前后的 MOR 和 MOE

表 3-32　冻融循环处理前后的显著性分析

组别		差异源	SS	df	MS	F 值	P 值
MOR	横向	组间	10.38361	1	10.38361	10.40275	0.012142
		组内	7.98528	8	0.99816		
		总计	18.36889	9			
	纵向	组间	368.449	1	368.449	14.23132	0.005447
		组内	207.12	8	25.89		
		总计	575.569	9			
MOE	横向	组间	37442.16	1	37442.16	7.293914	0.027044
		组内	41066.74	8	5133.343		
		总计	78508.91	9			
	纵向	组间	1284147	1	1284147	18.67783	0.00254
		组内	550019.9	8	68752.49		
		总计	1834167	9			

（2）微观形貌

从图 3-22 可以看出，冻融处理前后的微观形貌整体变化不明显，但能够看出冻融循环处理后的细胞壁孔隙度有所增加。经过酚醛树脂胶黏剂浸渍后发现，未经冻融循环处理的毛竹，胶黏剂主要填充在细胞腔中，细胞之间的界限清晰可辨；而经过冻融循环处理后，胞间层、细胞腔和细胞壁均分布了一定的酚醛胶黏剂，部分细胞界限模糊至不可辨，如图 3-23 所示。其表明冻融循环处理破坏了细胞的壁层结构，而壁层结构的破坏会降低材料的力学强度。

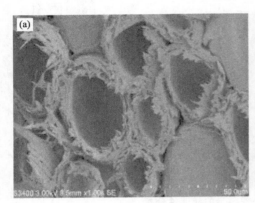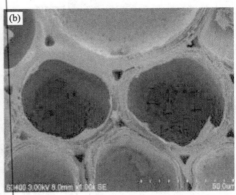

图 3-22　冻融循环处理前 [图(a)] 后 [图(b)] 横切面对比图

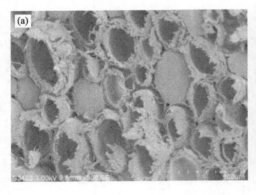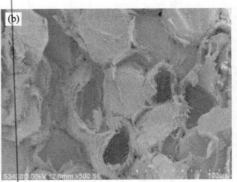

图 3-23　冻融循环处理前 [图(a)] 后 [图(b)] 吸胶横切面对比图

（3）结晶度

如图 3-24、表 3-33 所示，冻融循环处理后，相对结晶度降低了 3.53%，这是由于纤维素在冻融循环处理过程中发生了水解、热解等化学反应，使得纤维素结晶区受到了一定程度的破坏，其也进一步揭示了力学强度降低的原因[335-337]。

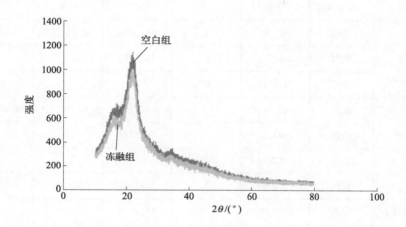

图 3-24　冻融循环处理前后的 XRD 衍射图

表 3-33　冻融循环处理前后的结晶度

类别	衍射角 $2\theta/(°)$	相对强度/cps	相对结晶度/%
空白组	22.62	1071	39.7
	16.74	640	
冻融循环组	22.50	965	38.3
	16.47	588	

3.2.2　高温热处理改性

3.2.2.1　单因素试验

（1）初含水率

初含水率对节间和竹节的接触角不具有显著性影响，且竹节和节间接触角的差异性也不具有显著性（表 3-34）。这表明，采用高温热处理手段对毛竹的预处理中，初含水率不会影响到试件的表面润湿性。从变化趋势来看（图 3-25），竹节和节间的接触角在 100°附近波动。

表 3-34 初含水率对竹节及节间接触角的显著性影响分析

组别	差异源	SS	df	MS	F 值	P 值
节间	组间	367.942	4	91.9855	2.01775	0.10804
	组内	2051.46	45	45.5881		
	总计	2419.41	49			
竹节	组间	410.187	4	102.547	1.53296	0.21402
	组内	2341.31	35	66.8946		
	总计	2751.5	39			
节间与竹节	组间	1.46306	1	1.46306	0.1329	0.72489
	组内	88.0675	8	11.0084		
	总计	89.5306	9			

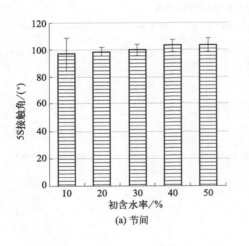

(a) 节间

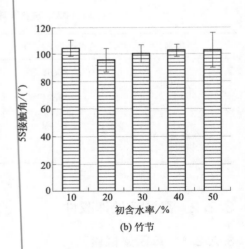

(b) 竹节

图 3-25 初含水率对接触角的影响

初含水率对节间和竹节的体积湿胀率不具有显著性影响，且竹节和节间体积湿胀率的差异性也不具有显著性（表 3-35）。从变化趋势来看（图 3-26），节间的湿胀率是先下降后上升，而竹节的湿胀率先上升后下降。

表 3-35　初含水率对竹节及节间湿胀率的显著性影响分析

组别	差异源	SS	df	MS	F 值	P 值
节间	组间	0.28751	4	0.07188	2.50695	0.07456
	组内	0.57343	20	0.02867		
	总计	0.86094	24			
竹节	组间	0.03971	4	0.00993	0.22933	0.91764
	组内	0.6494	15	0.04329		
	总计	0.68911	19			
节间与竹节	组间	0.03577	1	0.03577	4.24429	0.07334
	组内	0.06743	8	0.00843		
	总计	0.1032	9			

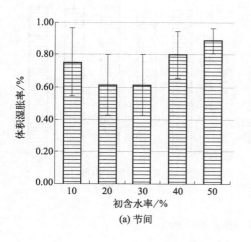
(a) 节间

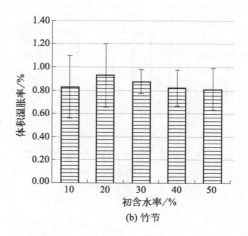
(b) 竹节

图 3-26　初含水率对湿胀率的影响

初含水率对节间和竹节的吸水率不具有显著性影响，但竹节和节间吸水率的差异性具有显著性（表 3-36）。从变化趋势来看（图 3-27），有逐渐增加的趋势，且节间的吸水率稍大于竹节的吸水率。

表 3-36　初含水率对竹节及节间吸水率的显著性影响分析

组别	差异源	SS	df	MS	F 值	P 值
节间	组间	741.762	4	185.44	1.07834	0.39352
	组内	3439.36	20	171.968		
	总计	4181.13	24			
竹节	组间	25.28037	4	6.320093	0.40959	0.798977
	组内	231.4544	15	15.4303		
	总计	256.7348	19			
节间与竹节	组间	382.063	1	382.063	69.8099	3.2E-05
	组内	43.7832	8	5.47291		
	总计	425.846	9			

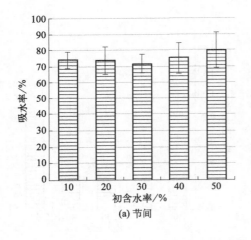
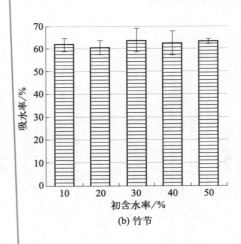

图 3-27　初含水率对吸水率的影响

（2）热处理温度

热处理温度对竹节和节间的接触角具有显著性影响，而两者之间的差异不具有显著性影响（表 3-37）。从变化趋势来看（图 3-28），节间接触角呈现逐渐增大后缓慢减小的趋势，且在 160～180℃范围内，接触角相对较理想。

表 3-37   热处理温度对竹节及节间接触角的显著性影响分析

组别	差异源	SS	df	MS	F 值	P 值
节间	组间	2688.639	4	672.1597	6.164261	0.000482
	组内	4906.863	45	109.0414		
	总计	7595.502	49			
竹节	组间	1473.816	4	368.454	4.461637	0.005103
	组内	2890.394	35	82.58269		
	总计	4364.21	39			
节间与竹节	组间	21.92065	1	21.92065	0.387042	0.551173
	组内	453.0909	8	56.63636		
	总计	475.0115	9			

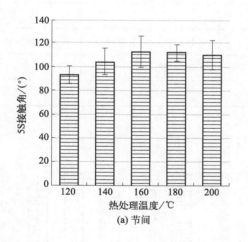

(a) 节间

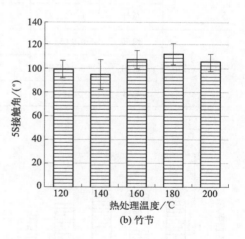

(b) 竹节

图 3-28   热处理温度对接触角的影响

　　热处理温度对竹节和节间的体积湿胀率不具有显著性影响，但两者的差异具有显著性影响（表 3-38）。从变化趋势来看（图 3-29），节间的体积湿胀率先上升后下降，而竹节的体积湿胀率是下降→上升→下降，且竹节的体积湿胀率稍大于节间的体积湿胀率。

　　热处理温度对竹节和节间的吸水率具有显著性影响，而两者之间的差异不具有显著性影响（表 3-39）。从变化趋势来看（图 3-30），节间的吸水率先缓慢增加而后下降，且下降幅度相对较大，降低了近 50％；而竹节的吸水率在热处理温度＜180℃时，在 70％附近波动，当热处理温度增加到 200℃时，吸水率降低到 55％。

表 3-38　热处理温度对竹节及节间湿胀率的显著性影响分析

组别	差异源	SS	df	MS	F 值	P 值
节间	组间	0.470531	4	0.117633	1.97423	0.137411
	组内	1.191682	20	0.059584		
	总计	1.662213	24			
竹节	组间	0.277679	4	0.06942	1.326086	0.305463
	组内	0.785241	15	0.052349		
	总计	1.062921	19			
节间与竹节	组间	0.118304	1	0.118304	5.787635	0.042791
	组内	0.163526	8	0.020441		
	总计	0.28183	9			

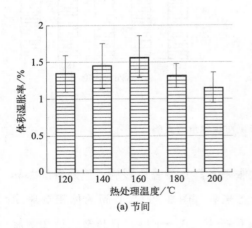

(a) 节间

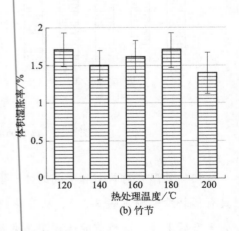

(b) 竹节

图 3-29　热处理温度对湿胀率的影响

表 3-39　热处理温度对竹节及节间吸水率的显著性影响分析

组别	差异源	SS	df	MS	F 值	P 值
节间	组间	5800.026	4	1450.006	11.87397	4.19E−05
	组内	2442.328	20	122.1164		
	总计	8242.354	24			
竹节	组间	950.3045	4	237.5761	6.641028	0.002775
	组内	536.61	15	35.774		
	总计	1486.915	19			
节间与竹节	组间	8.53897	1	8.53897	0.05163	0.82596
	组内	1323.2	8	165.4		
	总计	1331.74	9			

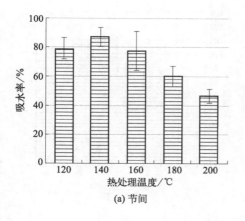

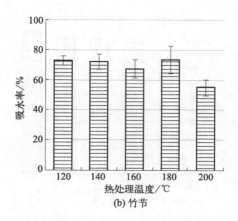

图 3-30　热处理温度对吸水率的影响

（3）热处理时间

　　热处理时间对竹节和节间的接触角具有显著性影响，但两者的差异不具有显著性影响（表 3-40）。从变化趋势来看（图 3-31），整体上两者均呈现出逐渐增加的趋势。

表 3-40 热处理时间对竹节及节间接触角的显著性影响分析

组别	差异源	SS	df	MS	F 值	P 值
节间	组间	590.0464	4	147.5116	6.882131	0.001182
	组内	428.68	20	21.434		
	总计	1018.726	24			
竹节	组间	153.093	4	38.27325	3.395678	0.036246
	组内	169.0675	15	11.27117		
	总计	322.1605	19			
节间与竹节	组间	28.006	1	28.006	1.50081	0.25539
	组内	149.285	8	18.6606		
	总计	177.291	9			

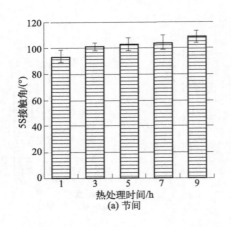

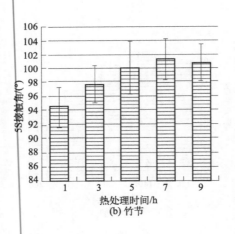

图 3-31 热处理时间对接触角的影响

　　热处理时间对节间的体积湿胀率不具有显著性影响，对竹节的体积湿胀率具有显著性影响，而两者的差异具有显著性影响（表 3-41）。从变化趋势来看（图 3-32），整体上两者均呈现先下降后上升的趋势，且节间的湿胀率显著大于竹节的湿胀率。

表 3-41　热处理时间对竹节及节间湿胀率的显著性影响分析

组别	差异源	SS	df	MS	F 值	P 值
节间	组间	12.86888	4	3.21722	2.382866	0.08581
	组内	27.00295	20	1.350147		
	总计	39.87183	24			
竹节	组间	0.745505	4	0.186376	5.906903	0.004636
	组内	0.473284	15	0.031552		
	总计	1.21879	19			
节间与竹节	组间	32.71862	1	32.71862	95.53745	1.01E−05
	组内	2.739752	8	0.342569		
	总计	35.45837	9			

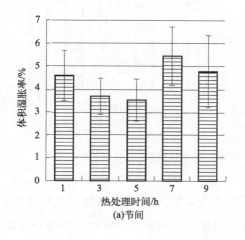
(a)节间

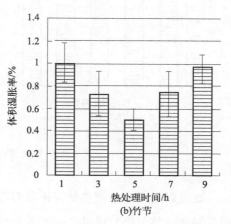
(b)竹节

图 3-32　热处理时间对湿胀率的影响

　　热处理时间对竹节和节间的吸水率具有显著性影响，而两者的差异不具有显著性影响（表 3-42）。从变化趋势来看（图 3-33），两者均呈现出逐渐下降后稍有增加，且节间的吸水率稍大于竹节的吸水率。

表 3-42　热处理时间对竹节及节间吸水率的显著性影响分析

组别	差异源	SS	df	MS	F 值	P 值
节间	组间	990.4576	4	247.6144	4.297619	0.011374
	组内	1152.333	20	57.61664		
	总计	2142.79	24			
竹节	组间	362.2655	4	90.56637	4.004381	0.020962
	组内	339.2523	15	22.61682		
	总计	701.5178	19			
节间与竹节	组间	174.7767	1	174.7767	4.843843	0.058914
	组内	288.6579	8	36.08224		
	总计	463.4346	9			

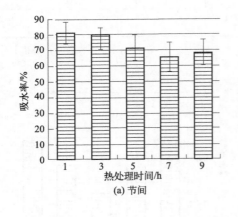
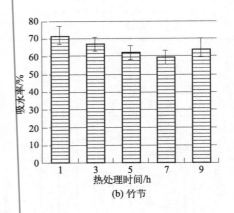

图 3-33　热处理时间对吸水率的影响

　　通过以上可知采用热处理手段对毛竹表现出较好的润湿性和尺寸稳定性，而节间和含竹节毛竹试件之间的差异性不明显，但热处理手段对毛竹物理性能的影响以及产生该现象的机理尚需进一步分析。

3.2.2.2　响应面试验

（1）抗弯强度和弹性模量

抗弯强度和弹性模量的响应面分析结果分别见表 3-43 和表 3-44，仅热处理时间对两者具有显著性影响。结合响应面图（图 3-34）分析可知，在热处理温度为 160～180℃，热处理时间为 4～7h 时，可以获得相对理想的抗弯强度和弹性模量（图 3-35）[338-342]。

表 3-43　抗弯强度方差分析表

差异源	平方和	df	均方差	F 值	P 值
模型	1679.47	5	335.89	31.61	0.0001
A（热处理温度）	1.60	1	1.60	0.15	0.7094
B（热处理时间）	61.96	1	61.96	5.83	0.0465
AB	0.42	1	0.42	0.040	0.8476
A²	983.43	1	983.43	92.55	＜0.0001
B²	284.86	1	284.86	26.81	0.0013
残差	74.38	7	10.63		
失拟项	50.08	3	16.69	2.75	0.1769
纯错误	24.31	4	6.08		
总数	1753.86	12			

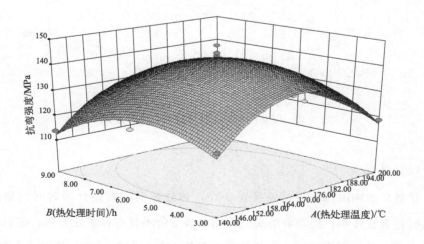

图 3-34　交互作用对抗弯强度的响应面分析图

表 3-44　弹性模量方差分析表

差异源	平方和	df	均方差	F 值	P 值
模型	1.766×10^6	5	3.532×10^5	152.05	<0.0001
A（热处理温度）	6272.67	1	6272.67	2.70	0.1443
B（热处理时间）	26429.72	1	26429.72	11.38	0.0119
AB	9409.00	1	9409.00	4.05	0.0840
A^2	1.116×10^6	1	1.116×10^6	480.42	<0.0001
B^2	2.499×10^5	1	2.499×10^5	107.58	<0.0001
残差	16259.30	7	2322.76		
失拟项	9020.30	3	3006.77	1.66	0.3108
纯错误	7239.00	4	1809.75		
总数	1.782×10^6	12			

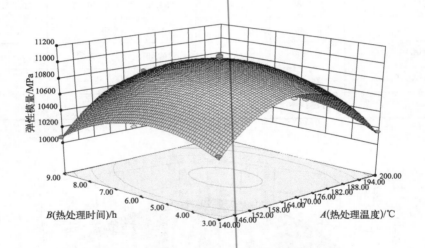

图 3-35　交互作用对弹性模量的响应面分析图

（2）接触角

接触角的响应面分析结果见表 3-45，热处理温度和热处理时间对接触角均具有显著性影响，但两者的交互作用对接触角不具有显著性影响。结合响应面图（图 3-36）分析可知，在热处理温度为 160～180℃，热处理时间为 5～7h时，可以获得相对理想的接触角。

表 3-45 接触角方差分析表

差异源	平方和	df	均方差	F 值	P 值
差异性数值	1647.43	5	329.49	214.73	<0.0001
A(热处理温度)	41.03	1	41.03	26.74	0.0013
B(热处理时间)	27.74	1	27.74	18.08	0.0038
AB	1.92	1	1.92	1.25	0.3004
A^2	567.78	1	567.78	370.03	<0.0001
B^2	615.21	1	615.21	400.94	<0.0001
残差	10.74	7	1.53		
失拟项	5.61	3	1.87	1.46	0.3524
纯错误	5.13	4	1.28		
总数	1658.17	12			

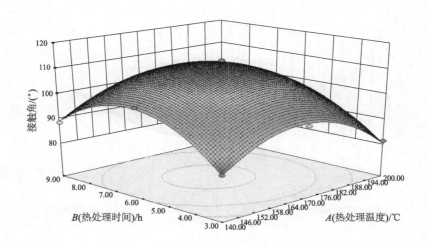

图 3-36 交互作用对接触角的响应面分析图

(3) 湿胀性

湿胀率的响应面分析结果见表 3-46，热处理温度对湿胀性具有显著性影响，而热处理时间对湿胀率不具有显著性影响，但两者的交互作用对湿胀率具有显著性影响。结合响应面图（图 3-37）分析可知，在热处理温度为 160～190℃，热处理时间为 5～7h 时，可以获得相对较低的湿胀率。

表 3-46　湿胀率方差分析表

差异源	平方和	df	均方差	F 值	P 值
显著性数值	32.27	5	6.54	296.56	<0.0001
A(热处理温度)	1.44	1	1.44	66.20	<0.0001
B(热处理时间)	0.057	1	0.057	2.63	0.1491
AB	0.29	1	0.29	13.40	0.0081
A^2	8.47	1	8.47	389.32	<0.0001
B^2	14.58	1	14.58	669.89	<0.0001
残差	0.15	7	0.022		
失拟项	0.12	3	0.039	4.59	0.0876
纯错误	0.034	4	$8.575×10^{-3}$		
总数	32.42	12			

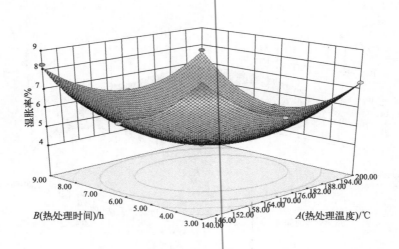

图 3-37　交互作用对湿胀率的响应面分析图

（4）吸水性

吸水率的响应面分析结果见表 3-47，热处理温度对吸水率不具有显著性影响，而热处理时间对吸水率具有显著性影响，但两者的交互作用对吸水率不具有显著性影响。结合响应面图（图 3-38）分析可知，在热处理温度为 160～180℃，热处理时间为 5～7h 时，可以获得相对较低的湿胀率。

表 3-47　吸水率方差分析表

差异源	平方和	df	均方差	F 值	P 值
显著性数值	1803.59	5	360.72	124.61	＜0.0001
A（热处理温度）	8.95	1	8.95	3.09	0.1220
B（热处理时间）	43.46	1	43.46	15.01	0.0061
AB	2.99	1	2.99	1.03	0.3431
A^2	635.11	1	635.11	219.40	＜0.0001
B^2	676.13	1	676.13	233.57	＜0.0001
残差	20.26	7	2.89		
失拟项	3.45	3	1.15	0.27	0.8425
纯错误	16.82	4	4.20		
总数	1823.85	12			

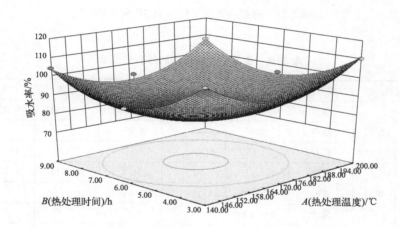

图 3-38　交互作用对吸水率的响应面分析图

综上分析，高温热处理的优化工艺参数为：初含水率为 10%～30%，热处理温度为 160℃，热处理时间为 5h。

3.2.2.3　性能分析与作用机理解析

（1）力学性能

高温热处理提高了竹层积材的横（纵）向抗弯强度和横（纵）向弹性模

量，且具有显著性差异。如图 3-39 所示，横向抗弯强度增加了约 12.3%，纵向抗弯强度增加了约 11.4%，横向弹性模量增加了约 11.5%，纵向弹性模量增加了约 7.8%[343-345]。

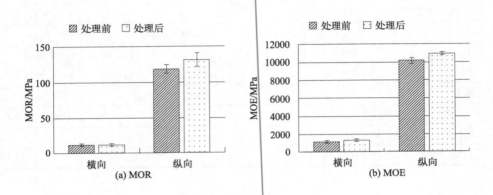

图 3-39　高温热处理前后的 MOR 和 MOE

表 3-48　高温热处理前后的显著性分析

组别		差异源	SS	df	MS	F 值	P 值
MOR	横向	组间	5.329	1	5.329	6.062571	0.039182
		组内	7.032	8	0.879		
		总计	12.361	9			
	纵向	组间	454.276	1	454.276	7.5615	0.025066
		组内	480.62	8	60.0775		
		总计	934.896	9			
MOE	横向	组间	47224.38	1	47224.38	9.173833	0.016338
		组内	41181.81	8	5147.727		
		总计	88406.2	9			
	纵向	组间	1595204	1	1595204	27.3587	0.000792
		组内	466456	8	58307		
		总计	2061660	9			

（2）微观形貌

从微观形貌（图 3-40）可以看出，高温热处理后，竹材内部化学成分发生结构重组，产生重结晶现象，并析出，致使毛竹细胞腔缩小变形，使得毛竹的基本密度略有增加，其对于提高毛竹力学性能具有决定性作用。同时有学者认为细胞结构发生的这种变化弱化了毛竹的生长应力和干燥应力，这与研究的前期结果相一致。

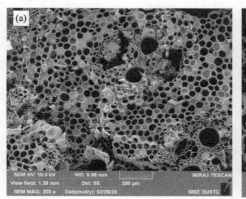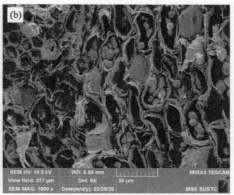

图 3-40　高温热处理前［图(a)］后［图(b)］的微观形貌

3.3　本章小结

① 对于冻融循环处理，仅初含水率对竹节和节间接触角的差异性、融冰时间对竹节和节间接触角及湿胀性的差异具有显著性影响。对于高温热处理，仅初含水率对竹节和节间吸水性的差异性、热处理时间和热处理温度对竹节和节间湿胀率的差异具有显著性影响。综合每个影响因子的分析结果，认为竹节的存在对竹材接触角、吸水性和湿胀性的影响可忽略。

② 初含水率、冷冻时间、融冰温度、循环次数对冻融循环处理效果有显著影响，冻融循环预处理的优化工艺参数为：初含水率为 15%～30%，融冰温度为 40℃，融冰时间为 2h，冷冻时间为 5h，循环次数为 3 次。高温热处理温度和时间对热处理效果具有显著影响，高温预处理的优化工艺参数为：初含水率为 10%～30%，热处理温度为 160℃，热处理时间为 5h。

③ 对比冻融循环处理和高温热处理可知，高温热处理得到的竹材具有较为理想的力学强度、尺寸稳定性。微观形貌和 XRD 分析表明：冻融循环预处理后，竹材细胞壁结构受到破坏，相对结晶度降低了 3.53%，从而降低了其力学性能；高温预处理后，竹材内部化学成分发生结构重组，产生重结晶现象并析出，致使毛竹细胞腔缩小变形，基本密度略有增加，从而提高了其力学性能。

4

新型竹层积材制备工艺研究

不同于木材，竹材不具有木射线、树脂道等横向组织构造，其物理力学特性具有显著的方向性[346-347]。竹子从竹青至竹黄的维管束密度具有梯度变化，形成渐变组织结构，而这种多孔多级的组织结构赋予竹材特有的柔韧性特点[348-350]。然而，对于竹层积材而言，竹子的定向性和柔韧性使其面临两大难题，一是纵横两个方向的力学性能差异性较大，二是易于发生翘曲变形。围绕上述问题，本研究从毛竹原材料本身的力学性能出发，解析竹节对力学性能的作用机理，通过提升界面胶合性能，探究竹材横向力学性能提高的方法，优化竹层积材的热压工艺和组坯工艺。

4.1 材料和方法

4.1.1 试验材料

试验选用初含水率为 10%～30%，经过 160℃、5h 热处理的毛竹弦向竹条，见图 4-1。毛竹产自福建省永安市小陶镇，具体参数见表 4-1。

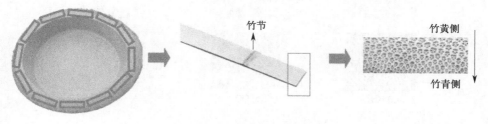

图 4-1 弦向竹条

表 4-1   取样参数

竹种	竹龄/a	取材高度/m	平均胸径/cm
毛竹	5	3~4	10

酚醛树脂胶黏剂具体参数见表 4-2。

表 4-2   酚醛树脂胶黏剂参数

胶黏剂	固体含量/%	固化时间	固化温度/℃	pH 值
酚醛树脂胶黏剂	50.20	6min4s	130~150	9.62

试验设备主要有万能力学试验机（CMT5504）、热压机（KS100H）、恒温恒湿箱（HWS-150Y）、干燥箱（DHG-9246A）、生物显微镜（Leica）、恒温水浴锅、培养皿、玻璃烧杯、量筒、载玻片、盖玻片、滤纸、镊子、胶头滴管、游标卡尺等。

4.1.2 胶合性能的研究方法

4.1.2.1 胶合界面对胶合性能的影响研究方法

挑选平直、无缺陷的弦向竹片，竹片规格为 600mm×20mm×5mm（长×宽×厚），设定三种胶合方式（涂胶量为 150g/m²），即靠竹黄面对靠竹黄面（HH）、靠竹青面对靠竹青面（QQ）和靠竹青面对靠竹黄面（QH）（图 4-2）。

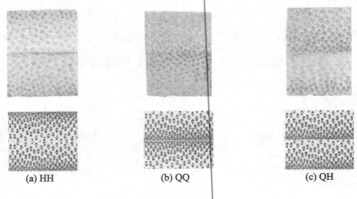

(a) HH   (b) QQ   (c) QH

图 4-2   三种胶合方式

在 1.2MPa、温度 130℃条件下热压 15min，冷却 48h 后，用带锯机加工试样，并编号。而后，在 20℃、相对湿度 65％的环境下放置到质量恒定。根据 GB/T 15780—1995《竹材物理力学性质试验方法》[351-353] 对试样的胶合剪切强度、抗弯强度和抗弯弹性模量进行测试，试样的尺寸和测试方式见图 4-3。记录破坏形式，测定含水率，去除误差值后进行数据分析。

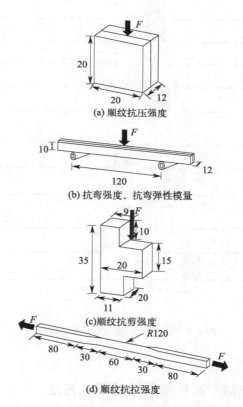

(a) 顺纹抗压强度

(b) 抗弯强度、抗弯弹性模量

(c)顺纹抗剪强度

(d) 顺纹抗拉强度

图 4-3　力学强度测试样尺寸和测试方式

单位：mm

4.1.2.2　竹节间距对胶合性能的影响研究方法

基于胶合面优化结果制备胶合竹条，竹节间距分别为 0cm、3cm、6cm 和 10cm（图 4-4），以无竹节的胶合竹条试件作为参照，分析竹节间距对顺纹抗压强度、抗弯强度、抗弯弹性模量、顺纹抗剪强度和顺纹抗拉强度的影响，试样的尺寸和测试方式见图 4-3。考虑到试样的尺寸，竹节间距为 3cm、6cm 和 10cm 的试样仅测定抗弯强度、抗弯弹性模量和顺纹抗拉强度，重复测试 20 次，记录破坏形式，测定含水率，去除误差值后进行数据分析。

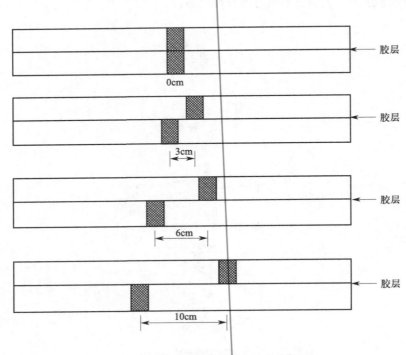

图 4-4　竹节间距的设计及胶合方式

4.1.3　加工工艺对材料性能影响的研究方法

4.1.3.1　微孔预处理工艺研究方法

挑选平直、无缺陷的弦向竹片，竹片规格为 600mm×20mm×6mm（长×宽×厚），高温热处理后，在厚度方向，应用数控打孔技术沿着长度方向进行微孔预处理，打孔参数为微孔间距、微孔直径和微孔深度，单因素设计方案见表 4-3。将微孔预处理后的竹片组坯热压成 6mm 厚的板材。采用径面组坯，热压温度为 145℃，热压主压力为 10MPa，热压侧压力为 2MPa，热压时间为

5min。热压后的板坯陈放 48h 后按图 4-5 进行测试样加工，编号后置于 20℃、相对湿度 65％的环境下放置到质量恒定，再分别进行横向（垂直于主方向）和纵向（平行于主方向）的抗弯强度和抗弯弹性模量测定，测试样尺寸（长×宽×厚）为 170mm×50mm×6mm。将未进行微孔预处理的试样作为参照样，每组参数重复测试 16 次。

表 4-3 单因素试验设计

组号	孔间距/mm	孔直径/mm	孔深度/mm
1	10	1.5	2
2	20	1.5	2
3	30	1.5	2
4	40	1.5	2
5	50	1.5	2
6	30	0.5	2
7	30	1.0	2
8	30	1.5	2
9	30	2.0	2
10	30	2.5	2
11	30	1.5	1
12	30	1.5	2
13	30	1.5	3

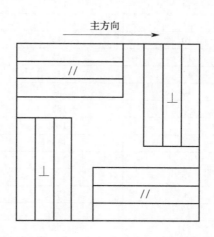

图 4-5 试样加工方案图

4.1.3.2 热压工艺研究方法

挑选平直、无缺陷的弦向竹片，竹片规格为 600mm × 20mm × 6mm（长×宽×厚），高温热处理后，在厚度方向，应用激光打孔技术沿着长度方向进行微孔预处理，预处理工艺依据分析优化参数。将微孔预处理后的竹片组坯热压成 12mm 厚的竹层积材，同层之间采用径面组坯，相邻层采用弦面交叉组坯，考虑到热压机主压力（10MPa）不能调整，选择热压侧压力、热压温度和热压时间为影响因素进行响应面试验，试验设计见表 4-4。热压后的板坯陈放48h 后按图 4-5 进行测试样加工，编号后置于 20℃、相对湿度 65% 的环境下放置到质量恒定，再分别进行横向（垂直于主方向）和纵向（平行于主方向）的抗弯强度和抗弯弹性模量测定，测试样尺寸（长×宽×厚）为 290mm×50mm×12mm。每组参数重复测试 12 次。

表 4-4　试验设计

组号	热压时间/min	热压温度/℃	热压侧压力/MPa
1	8	155	2
2	8	135	3
3	8	145	4
4	12	135	4
5	14	145	4
6	12	135	2
7	10	145	1
8	14	135	1
9	10	145	2
10	10	155	4
11	8	135	1
12	12	145	2
13	12	145	2
14	12	145	3
15	10	155	4
16	8	155	2
17	12	145	3
18	14	155	1
19	10	145	2
20	14	155	3

4.1.3.3　组坯方式的影响研究方法

挑选平直、无缺陷的弦向竹片，竹片规格为 600mm × 20mm × 6mm（长×宽×厚），高温热处理后，在厚度方向，应用激光打孔技术沿着长度方向进行微孔预处理，预处理工艺依据分析优化参数。将微孔预处理后的竹片组坯热压成 12mm 厚的竹层积材，组坯采用 6 种方式，具体参数见表 4-5。而后根据优化的热压工艺进行热压处理，热压后的板坯陈放 48h 后按图 4-5 进行测试样加工，测试样尺寸（长×宽×厚）为 290mm×50mm×12mm，编号后置于 20℃、相对湿度 65％的环境下放置到质量恒定，再分别进行横向（垂直于主方向）和纵向（平行于主方向）的抗弯强度和抗弯弹性模量测定，然后制样进行断面密度测定。每组参数重复测试 18 次。

表 4-5　组坯方式

分组	层数	单层厚度/mm	组坯方向	图示
同向组坯	2	6	//→//	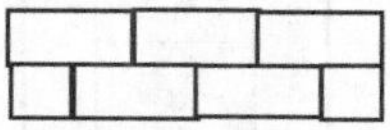
	3	4	//→//→//	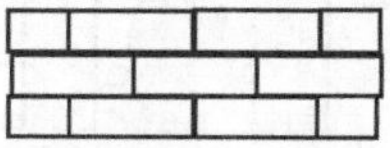
	4	3	//→//→//→//	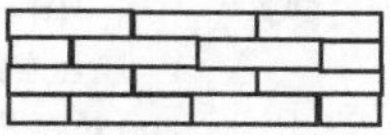
交叉组坯	2	6	//→⊥	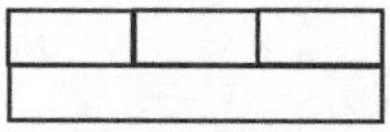
	3	4	//→⊥→//	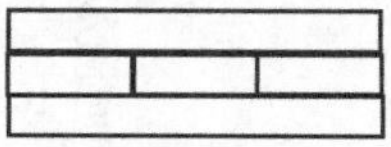
	4	3	//→⊥→⊥→//	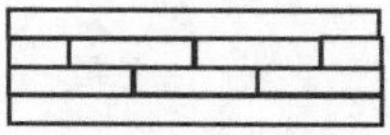

4.1.3.4　验证性试验

按照确定优化的生产工艺，在实验室条件下制备最佳组坯方式的 600mm×600mm×12mm 竹层积材，并测试其抗弯强度（MOR）、弯曲弹性模量（MOE），经过沸水煮 4h，63℃干燥箱干燥 20h，再沸水煮 4h，再干燥 3h，观察其浸渍剥离性能。并考虑生产实际，设置空白组与本试验方案组对比。

4.2 结果与分析

4.2.1 胶合性能研究

4.2.1.1 胶合界面对胶合性能的影响研究

不同胶合方式的抗弯强度、抗弯弹性模量和胶合剪切强度分析结果见图 4-6 和表 4-6，可知其 P 值均小于 0.05，可见胶合面对强度没有显著性影响，因此在组坯时，不需要考虑胶合面的选取。

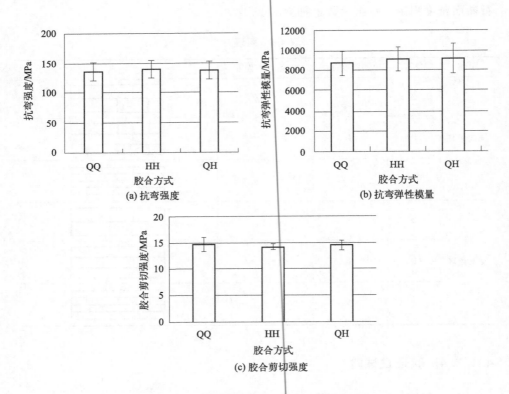

图 4-6　不同胶合方式的抗弯强度、抗弯弹性模量和胶合剪切强度

表 4-6　方差分析结果

力学性能	P 值	显著性
MOR	0.65008	不显著
MOE	0.34186	不显著
剪切强度	0.346529	不显著

4.2.1.2　竹节间距对胶合性能的影响研究

（1）顺纹抗压强度

无竹节胶合竹条的抗压强度平均值为 52.6MPa，变异系数为 5.87；竹节间距为 0cm 的胶合竹条抗压强度平均值为 50.8MPa，变异系数为 6.76（图 4-7）。且竹节对抗压强度无显著性影响[354-356]（表 4-7）。

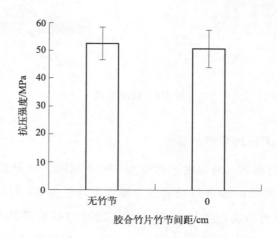

图 4-7　无竹节与有竹节的抗压强度

表 4-7　方差分析

差异源	SS	df	MS	F 值	P 值	显著性
组间	32.98833	1	32.98833	0.823619	0.369559	不显著
组内	1602.116	40	40.05289			
总计	1635.104	41				

竹子中主要细胞包含基本系统和维管系统，基本系统以轴向薄壁组织细胞为主，维管系统以厚壁的维管束为主[357]。当维管束含量适中时，维管束和基本组织共同发挥作用，出现挤压破坏，见图 4-8(a)；当维管束分布不均匀时，破坏首先会发生在维管束稀疏的地方，随着持续地加压，沿着纤维的方向不断撕裂，出现劈裂的现象，如图 4-8(b) 所示[358]。

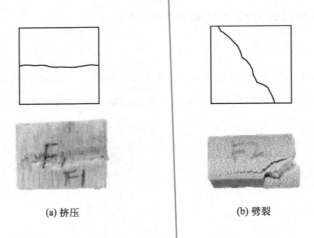

(a) 挤压　　　　　　　　　　　　(b) 劈裂

图 4-8　破坏形式

(2) 抗弯强度和抗弯弹性模量

无竹节胶合竹条的抗弯强度平均值为 139.8 MPa，变异系数为 15.45；有竹节且竹节间距为 0cm 胶合竹条的抗弯强度平均值为 93.3MPa，变异系数为 13.25；有竹节且竹节间距为 3cm 胶合竹条的抗弯强度平均值为 109.2MPa，变异系数为 18.04；有竹节且竹节间距为 6cm 胶合竹条的抗弯强度平均值为 111.6MPa，变异系数为 14.00；有竹节且竹节间距为 10cm 胶合竹条的抗弯强度平均值为 111.0MPa，变异系数为 15.18[图 4-9(a)]。无竹节胶合竹条的抗弯强度值最高；竹节间距从 0cm 到 3cm，竹材的抗弯强度增加了 17.04%。但是从竹节间距 3cm 到竹节间距 10cm 时，竹材的抗弯强度先增加了 2.20%，而后减少了 0.54%。结合方差分析（表 4-8）可知，当竹节间距大于 3cm 时，竹节间距的变化对抗弯强度无显著性影响。

无竹节胶合竹条的抗弯弹性模量平均值为 9141 MPa，变异系数为 1214.20；

有竹节且竹节间距为 0cm 胶合竹条的抗弯弹性模量平均值为 8039MPa，变异系数为 1224.24；有竹节且竹节间距为 3cm 胶合竹条的抗弯弹性模量平均值为 8570MPa，变异系数为 1228.10；有竹节且竹节间距为 6cm 胶合竹条的抗弯弹性模量平均值为 9091MPa，变异系数为 1155.94；有竹节且竹节间距为 10cm 胶合竹条的抗弯弹性模量平均值为 8793MPa，变异系数为 1275.28[图 4-9(b)]。无竹节胶合竹条的抗弯弹性模量值最大，竹节间距从 0cm 到 6cm，竹材的抗弯弹性模量增加了 13.09%。但是从竹节间距 6cm 到竹节间距 10cm 时，竹材的抗弯弹性模量减少了 3.28%。结合方差分析（表 4-8）可知，当竹节间距大于 6cm 时，竹节间距的变化对抗弯弹性模量无显著性影响[359,360]。

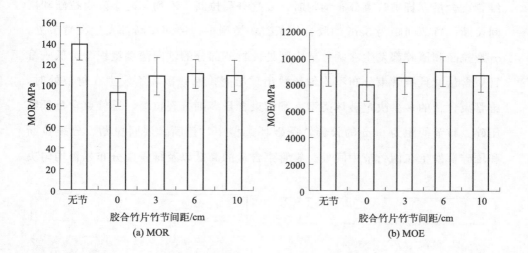

图 4-9　竹节间距对强度的影响

表 4-8　不同竹节间距的 MOR 和 MOE 方差分析

项目	竹节间距/cm	P 值	显著性
MOR	0、3、6、10	0.00105	显著
	3、6、10	0.865325	不显著
MOE	0、3、6、10	0.055218	不显著
	0、3、6	0.025722	显著
	3、6、10	0.346529	不显著

竹节间距为 0cm、3cm、6cm、10cm 的胶合竹条的抗弯破坏试件中，破坏形态主要分为两种：拉伸与压碎。拉伸主要发生在试件的受拉面，剪切力的破坏造成竹材纤维滑动。压碎可能发生在试件的受拉面，也可能发生在试件的受压面，是由于维管束分布密度相对较少，轴向薄壁组织受压发生破坏。

竹节间距为 0cm 的胶合竹条破坏都发生在竹节部位，原因有二：竹节处的维管束纤维呈现弯曲形态，降低其强度和弹性模量；箨环和竹隔的细胞组织穿插在纵向纤维中，使维管束长度变短，迫使强度降低。发生在竹节处不同的破坏形式有：拉断、层间拉断、分裂拉断以及压碎（图 4-10）。当竹节部分的轴向薄壁组织多于维管束含量时，发生压碎；当竹节部分的轴向薄壁组织低于维管束含量，且维管束分布均匀时，发生分裂拉断，不均匀时会发生拉断和层间拉断。竹节间距为 3cm 的胶合竹条破坏类型中，层间拉断都发生在竹节处，分裂拉断和压碎都发生在两竹节中间处。竹节部分的轴向薄壁组织含量低于维管束含量，且维管束分布不均匀导致出现层间拉断；破坏不发生在竹节处时，维管束含量的多少决定破坏类型，维管束含量高则分裂拉断，维管束含量低则压碎。竹节间距为 6cm 的胶合竹条破坏类型中，拉断、层间拉断、分裂拉断和压碎都发生在两竹节中间处。维管束含量的高低以及维管束分布是否均匀决

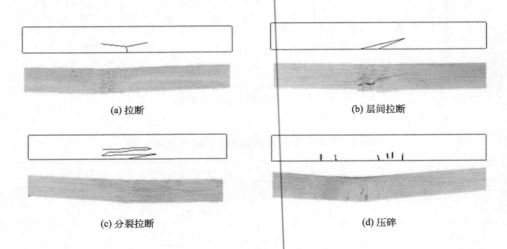

(a) 拉断　　(b) 层间拉断　　(c) 分裂拉断　　(d) 压碎

图 4-10　竹节处破坏形式

定破坏类型：维管束含量高但分布不均匀时，拉断、层间拉断；维管束含量高且分布均匀时，分裂拉断；维管束含量低时，压碎。竹节间距为 10cm 的胶合竹条破坏类型中，拉断、层间拉断、分裂拉断和压碎都发生在两竹节中间（±2cm）。维管束含量的高低以及维管束分布是否均匀决定破坏类型：维管束含量高但分布不均匀时，拉断、层间拉断；维管束含量高且分布均匀时，分裂拉断；维管束含量低时，压碎[21,22]。

（3）抗剪强度

无竹节胶合竹条的抗剪强度平均值为 10.0MPa，变异系数为 2.52；竹节间距为 0cm 的胶合竹条的抗剪强度平均值为 10.8MPa，变异系数为 3.17（图 4-11）。方差分析（表 4-9）表明竹节对抗压强度无显著性影响。

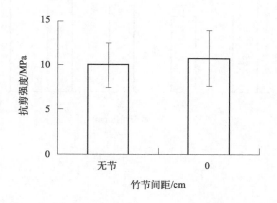

图 4-11　抗剪强度

表 4-9　方差分析

差异源	SS	df	MS	F 值	P 值	显著性
组间	5.920063	1	5.920063	0.721996	0.400812	无显著性
组内	311.5841	38	8.199583			
总计	317.5042	39				

（4）抗拉强度

无竹节胶合竹条的抗拉强度平均值为 169.4MPa，变异系数为 19.96；有竹节且竹节间距为 0cm 胶合竹条的抗拉强度平均值为 101.6MPa，变异系数为 13.89；有竹节且竹节间距为 3cm 胶合竹条的抗拉强度平均值为 115.1MPa，变异系数为 15.72；有竹节且竹节间距为 6cm 胶合竹条的抗拉强度平均值为 122.0MPa，变异系数为 16.91；有竹节且竹节间距为 10cm 胶合竹条的抗拉强度平均值为 149.9MPa，变异系数为 21.79（图 4-12）。无竹节胶合竹条的抗拉强度值最高，竹节间距从 0cm 到 10cm，竹材的抗拉强度增加了 47.54%。结合方差分析（表 4-10）可知，竹节对抗拉强度有高度显著性影响[361]。破坏类型见图 4-13。

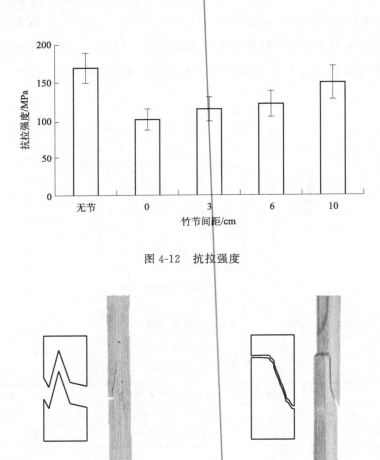

图 4-12　抗拉强度

(a) 劈裂　　　　　　　　(b) 拉伸与剪切

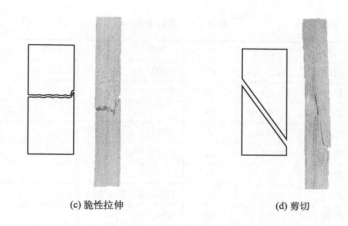

(c) 脆性拉伸　　　　　　　　　　　　(d) 剪切

图 4-13　破坏类型

表 4-10　方差分析

竹节间距/cm	P 值	显著性
0、3、6、10	1.21×10^{-11}	显著
3、6、10	2.79×10^{-7}	显著

4.2.2　弦向竹条微孔预处理工艺研究

（1）微孔间距

微孔间距对 MOR 和 MOE 具有显著性影响（表 4-11），无论是平行于主方向，还是垂直于主方向，MOR 和 MOE 的变化趋势均是先上升，大于 30mm 后有所下降。微孔间距为 0 代表无孔。微孔预处理前后对比（图 4-14、图 4-15）可知，垂直于主方向的 MOE（记作 ⊥MOE）在处理后均有所增加，且 30mm 和 50mm 的值较为接近，而平行于主方向的 MOE（记作 //MOE）、平行于主方向的 MOR（记作 //MOR）和垂直于主方向的 MOR（记作 ⊥MOR）在处理后有的高于处理前，有的低于处理前，在 30mm 处达到最大值。微孔间距为 30mm 时，垂直于主方向的 MOE 增加了约 50%，垂直于主方向的 MOR 增加了约 20%，平行于主方向的 MOR 和 MOE 增加量相对较少，约 10%。综上来看，相对较优的微孔间距是 30mm。

表 4-11 方差分析

项目	差异源	SS	df	MS	F 值	P 值	显著性
//MOE	组间	3.2E+07	5	6361112	6.85499	2.1E−05	显著
	组内	7.8E+07	84	927954			
	总计	1.1E+08	89				
⊥MOE	组间	1887165	5	377433	6.03209	7.6E−05	显著
	组内	5506238	88	62570.9			
	总计	7393403	93				
//MOR	组间	9092.1	5	1818.42	9.33766	4.4E−07	显著
	组内	16163.5	83	194.74			
	总计	25255.6	88				
⊥MOR	组间	161.124	5	32.2248	4.9572	0.00048	显著
	组内	572.054	88	6.50061			
	总计	733.178	93				

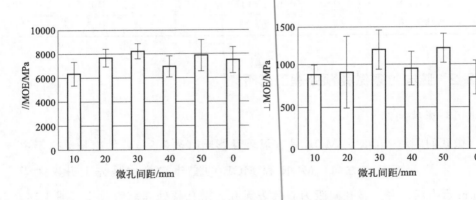

图 4-14 不同微孔间距的弹性模量

(2) 微孔直径

微孔直径对 MOR 和垂直于主方向的 MOE 具有显著性影响，但对平行于主方向的 MOE 不具有显著性影响（表 4-12）。微孔预处理前后对比（图 4-16、图 4-17）可知，垂直于主方向的 MOR 和 MOE 均高于预处理前，且在微孔直径为 1mm 时，强度增加幅度最大，分别约为 20% 和 36%。对于平行于主方向

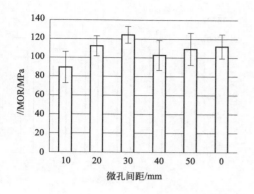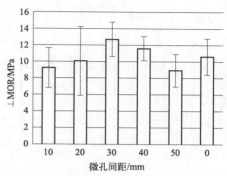

图 4-15　不同微孔间距的抗弯强度

的 MOR 和 MOE 而言，微孔直径为 1.5mm 时达到最大值，分别增加了 3.5％
和 0.7％；而在 1mm 时的强度小于预处理前的强度，分别降低了约 8％和
7％。考虑到微孔预处理的目的是提高垂直于主方向的强度，因此相对较优的
微孔直径为 1mm。

表 4-12　方差分析

项目	差异源	SS	df	MS	F 值	P 值	显著性
//MOE	组间	6230329	5	1246066	1.21524	0.3086	不显著
	组内	9.1×10^7	89	1025369			
	总计	9.7×10^7	94				
⊥MOE	组间	993213	5	198643	10.0988	1.2×10^{-7}	显著
	组内	1711276	87	19669.8			
	总计	2704489	92				
//MOR	组间	3457.22	5	691.445	4.35233	0.00139	显著
	组内	13821.5	87	158.868			
	总计	17278.7	92				
⊥MOR	组间	40.978	5	8.1956	2.94696	0.01664	显著
	组内	241.95	87	2.78104			
	总计	282.928	92				

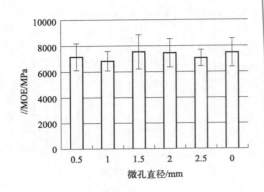
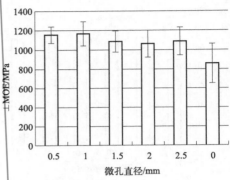

图 4-16　不同微孔直径的弹性模量

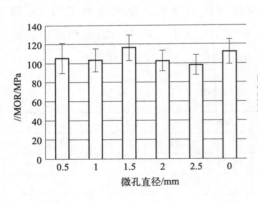
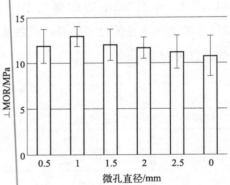

图 4-17　不同微孔直径的抗弯强度

（3）微孔深度

从显著性分析（表 4-13）得知，微孔深度仅对垂直于主方向的 MOE 具有显著性影响，当微孔深度为 1mm 时，弹性模量增加幅度最大，达到约 40％（图 4-18）。同时，微孔深度为 1mm 时，垂直于主方向的 MOR 也是最大值（图 4-19）。综上考虑，相对较优的微孔深度为 1mm。

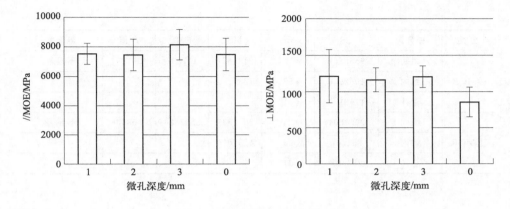

图 4-18 不同微孔深度的弹性模量

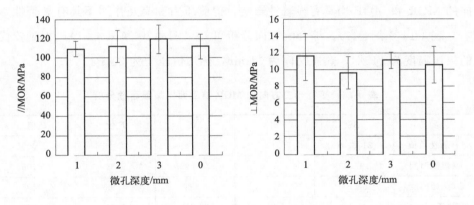

图 4-19 不同微孔深度的抗弯强度

表 4-13 方差分析

分类	差异源	SS	df	MS	F 值	P 值	显著性
//MOE	组间	5098021	3	1699340	1.75979	0.16452	不显著
	组内	$5.8×10^7$	60	965652			
	总计	$6.3×10^7$	63				
⊥MOE	组间	1377750	3	459250	8.37221	0.0001	显著
	组内	3236390	59	54854.1			
	总计	4614140	62				

分类	差异源	SS	df	MS	F 值	P 值	显著性
//MOR	组间	955.862	3	318.621	1.7392	0.169	不显著
	组内	10625.6	58	183.199			
	总计	11581.4	61				
⊥MOR	组间	30.4604	3	10.1535	2.32336	0.08438	不显著
	组内	253.47	58	4.37016			
	总计	283.93	61				

4.2.3 竹层积材热压工艺研究

显著性分析结果显示，热压时间和热压温度对平行于主方向和垂直于主方向的 MOR 和 MOE 均具有显著性影响，但侧压力和交互作用不具有显著性影响（表 4-14～表 4-17）。综合响应面分析可知（图 4-20 和图 4-21），相对较优的热压温度为 145℃，热压时间为 11min，热压侧压力为 2MPa[362]。

表 4-14 平行于主方向的 MOR 响应面模型显著性分析

差异源	SS	df	MS	F 值	P 值
显著性数值	2173.41	9	241.49	22.00	<0.0001
A（热压时间）	107.99	1	107.99	9.84	0.0106
B（热压温度）	54.66	1	54.66	4.98	0.0497
C（热压侧压力）	30.58	1	30.58	2.79	0.1260
AB	2.20	1	2.20	0.20	0.6636
AC	7.945×10^{-3}	1	7.945×10^{-3}	7.249×10^{-4}	0.9791
BC	6.32	1	6.32	0.58	0.4656
A^2	318.67	1	318.67	29.03	0.0003
B^2	615.19	1	615.19	56.05	<0.0001
C^2	99.18	1	99.18	9.04	0.0132
残差	109.76	10	10.98		
失拟项	86.15	5	17.23	3.65	0.0909
纯错误	23.61	5	4.72		
总数	2283.17	19			

表 4-15 平行于主方向的 MOE 响应面模型显著性分析

差异源	SS	df	MS	F 值	P 值
显著性数值	3.146×10^6	9	3.496×10^5	9.51	0.0008
A（热压时间）	2.878×10^5	1	2.878×10^5	7.83	0.0189
B（热压温度）	5.081×10^5	1	5.081×10^5	13.82	0.0040
C（热压侧压力）	44527.69	1	44527.69	1.21	0.2969
AB	44020.43	1	44020.43	1.20	0.2995
AC	29798.86	1	29798.86	0.81	0.3892
BC	31713.63	1	31713.63	0.86	0.3749
A^2	6.321×10^5	1	6.321×10^5	17.19	0.0020
B^2	4.891×10^5	1	4.891×10^5	13.30	0.0045
C^2	34985.50	1	34985.50	0.95	0.3523
残差	3.677×10^5	10	36769.29		
失拟项	2.873×10^5	5	57463.52	3.57	0.0942
纯错误	80375.32	5	16075.06		
总数	3.514×10^6	19			

表 4-16 垂直于主方向的 MOR 响应面模型显著性分析

差异源	SS	df	MS	F 值	P 值
显著性数值	174.26	9	19.36	16.91	<0.0001
A（热压时间）	9.33	1	9.33	8.15	0.0171
B（热压温度）	6.80	1	6.80	5.94	0.0350
C（热压侧压力）	0.056	1	0.056	0.049	0.8287
AB	0.017	1	0.017	0.015	0.9050
AC	0.39	1	0.39	0.34	0.5710
BC	2.86	1	2.86	2.50	0.1451
A^2	47.07	1	47.07	41.11	<0.0001
B^2	18.37	1	18.37	16.04	0.0025
C^2	10.26	1	10.26	8.96	0.0135
残差	11.45	10	1.14		
失拟项	9.09	5	1.82	3.85	0.0827
纯错误	2.36	5	0.47		
总数	185.71	19			

表 4-17　垂直于主方向的 MOE 响应面模型显著性分析

差异源	SS	df	MS	F 值	P 值
显著性数值	$6.429×10^5$	9	71436.70	10.88	0.0004
A（热压时间）	67553.50	1	67553.50	10.29	0.0094
B（热压温度）	34712.88	1	34712.88	5.29	0.0443
C（热压侧压力）	2227.66	1	2227.66	0.34	0.5731
AB	0.49	1	0.49	$7.516×10^{-5}$	0.9933
AC	10487.99	1	10487.99	1.60	0.2349
BC	4.26	1	4.26	$6.494×10^{-4}$	0.9802
A^2	90488.29	1	90488.29	13.79	0.0040
B^2	$1.106×10^5$	1	$1.106×10^5$	16.85	0.0021
C^2	76559.08	1	76559.08	11.66	0.0066
残差	65642.08	10	6564.21		
失拟项	51971.37	5	10394.27	3.80	0.0845
纯错误	13670.71	5	2734.14		
总数	$7.086×10^5$	19			

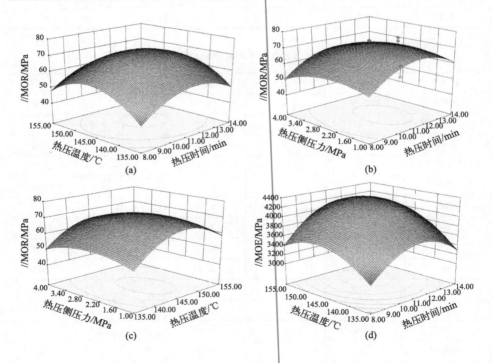

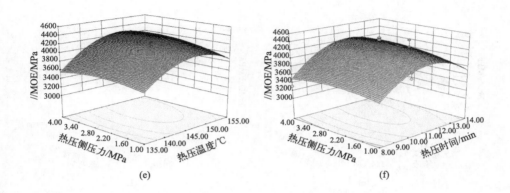

图 4-20　平行于主方向的 MOR 和 MOE 的响应面

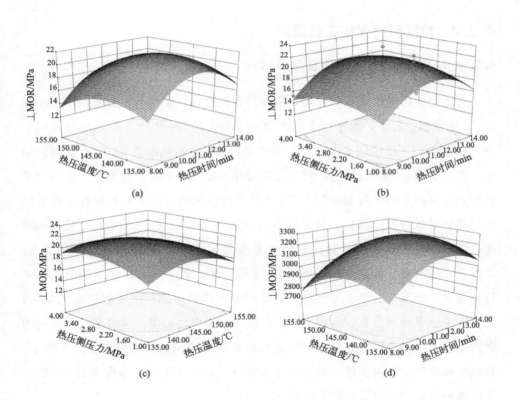

图 4-21

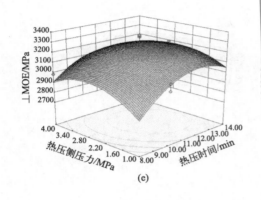 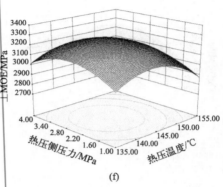

(e)   (f)

图 4-21　垂直于主方向的 MOR 和 MOE 的响应面

4.2.4　竹层积材组坯工艺研究

4.2.4.1　组坯工艺与断面密度测试

对于同向组坯竹层积材而言，随着层数的增加，垂直于主方向的 MOR 和 MOE 变化相对较小，而平行于主方向的 MOR 和 MOE 随着层数的增加而下降，见图 4-22［图中同 2（3、4）、交 2（3、4）分别代表 2（3、4）层同向组坯、2（3、4）层交叉组坯］。对于交叉组坯竹层积材而言，垂直于主方向和平行于主方向的 MOR 和 MOE 对于奇数层的竹层积材有较大的差异性，对于偶数层的竹层积材较为接近，且 4 层交叉组坯的强度要优于 2 层交叉组坯的强度。结合断面密度分析可知，胶接面密度最大，在 $1.0 \sim 1.2 kg/m^3$ 范围内，其次是表层密度。如图 4-23～图 4-25 所示，对于 2 层同向和 3 层同向，弦向竹条基本保持原有的厚度和密度；但是对于 4 层同向则产生了较明显的变化，其密度未呈现对称分布，且第 3 层的密度有明显增加趋势，这可能是由竹材的微观结构发生压溃所导致的。对于交叉组坯的竹层积材，密度呈规律性分布，且胶接面的密度比较接近，受力均匀，见图 4-26～图 4-28。综合来看，4 层交叉组坯的竹层积材力学性能更理想。

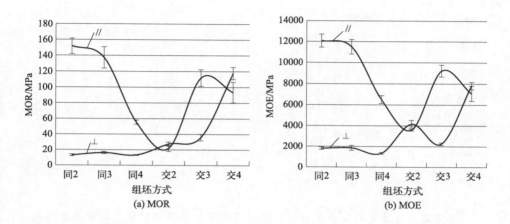

图 4-22 不同组坯方式竹层积材的 MOR 和 MOE

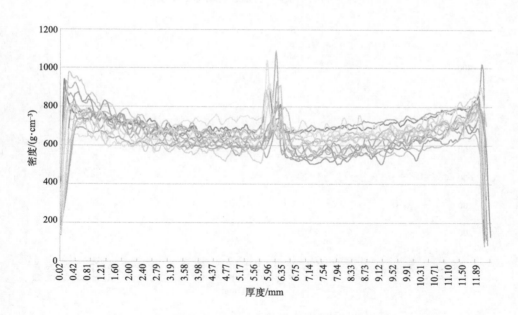

图 4-23 2 层同向组坯竹层积材的断面密度分布❶

---

❶ 本图及后文断面密度分布图中，每一条曲线就代表一个试验试件，所有试件的测试结果混在一起，形成这样的趋势图。

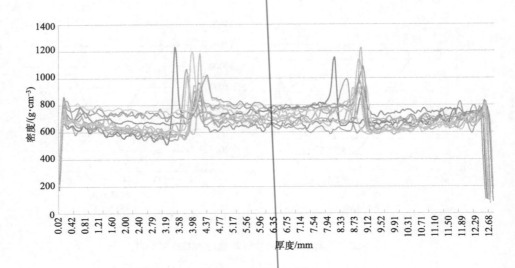

图 4-24　3 层同向组坯竹层积材的断面密度分布

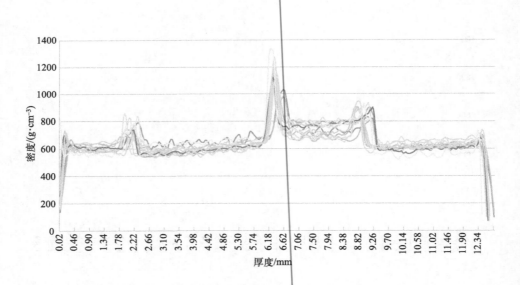

图 4-25　4 层同向组坯竹层积材的断面密度分布

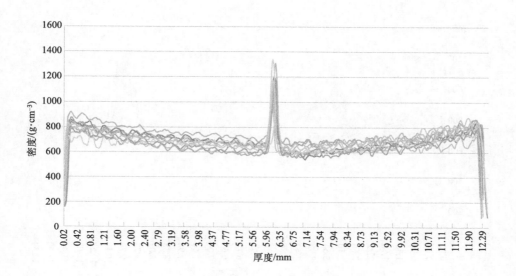

图 4-26　2 层交叉组坯竹层积材的断面密度分布

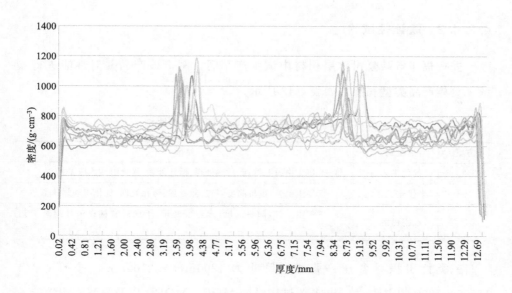

图 4-27　3 层交叉组坯竹层积材的断面密度分布

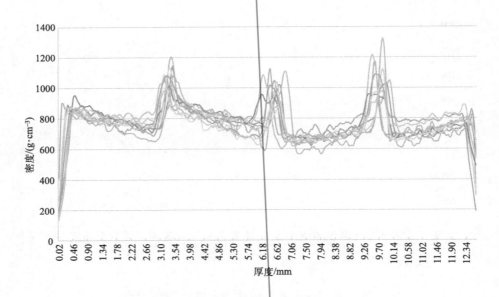

图 4-28　4 层交叉组坯竹层积材的断面密度分布

4.2.4.2　验证性试验

委托福建省某公司竹层积材中试生产车间，制造该产品并对性能进行验证。具体产品类型和条件如表 4-18 所示。

表 4-18　竹层积材性能验证试验条件

方案	组别	特征
A	优化工艺组	3～5 年生中段毛竹，经过热处理、微孔处理、优化组坯热压工艺
B	半优化工艺组	3～5 年生毛竹，随机高度，经过热处理、微孔处理、优化组坯热压工艺
C	空白组	3～5 年生毛竹，随机高度，未经预处理，干燥后直接以最佳组坯工艺制板

三类竹层积材各压一张板，尺寸为 1800mm × 2100mm，按照 GB/T 17657—1999 的方法[321] 制备测试横纵向 MOR、MOE，以及浸渍剥离性能的三类样品。经公司质检部门检测，各项指标试验 15 次，得到结果如表 4-19 所示。

表 4-19 竹层积材性能验证试验结果

编号	密度 /(g/cm³)	含水率 /%	MOR/MPa		MOE/MPa		浸渍 剥离性能
			//	⊥	//	⊥	
A	0.81	8.06	88.23±9.31	121.35±6.75	7510.78±222.56	8130.66±123.14	未剥离
B	0.83	8.17	85.77±12.57	113.18±6.77	7428.42±314.35	8006.38±117.66	未剥离
C	0.94	8.08	71.38±15.94	90.53±8.85	6153.84±721.56	6007.07±349.49	2 件出现 开裂

结果表明，新型竹层积材的力学性能均优于对照组产品，尤其是按照本工艺制备的竹层积材产品各项指标已经达到 LY/T 1575—2000 标准中 A 型竹胶合板的力学要求。按照 B 工艺制备的竹层积材力学性能有所下降，其变异性变大，但是力学性能也达到了 A 型竹胶合板的力学要求。尽管 C 工艺制备的竹层积材 MOR、MOE 力学性能差异性较大，整体力学指标均有所下降，2 件产品在浸渍剥离试验后出现轻微开裂，开裂尺寸在 25mm 以内，但也达到该标准中 B 型货用汽车车厢底板的力学要求，这说明该热压、组坯工艺具有可行性。

4.3 本章小结

① QQ、HQ、HH 三种界面结合形式对竹条胶合强度无显著影响。有无竹节对竹条抗压强度、剪切强度无显著影响，对抗弯强度和弹性模量有显著影响。无竹节胶合竹条的抗弯强度（193.8 MPa）和弹性模量（9141 MPa）最高，有节胶合竹条的竹节间距在 3~10cm 时抗弯强度和弹性模量更佳，可以分别达到 109.2MPa 和 8570MPa 以上。有无竹节亦对抗拉强度有显著影响，无节胶合竹条的抗拉强度最高（169.4MPa），随着竹节间距离从 3cm 增加至 10cm，胶合竹条的抗拉强度均在 115.1MPa 以上。因此，为了弱化竹节对竹层积材力学强度的影响，组坯时应调控竹节间距大于 3cm。

② 采用侧面微孔工艺可以通过改善胶合性能来提高竹层积材横向强度，微孔间距对平行和垂直于主方向的 MOR、MOE 有显著影响，微孔直径对平行于和垂直于主方向的 MOR 以及垂直于主方向的 MOE 有显著影响，钻孔深

度仅对垂直于主方向的 MOE 有显著影响。得到微孔处理的最佳工艺为：孔间距为 30mm，孔径为 1mm，深度为 1mm。

③ 对热压工艺响应面分析表明，热压时间和热压温度对平行和垂直于主方向的 MOR 和 MOE 均具有显著性影响，但侧压力和交互作用不具有显著性影响。得到竹层积材较优异热压工艺：热压温度为 145℃，热压时间为 11min，热压侧压力为 2MPa。

④ 组坯层数、方向对平行和垂直于主方向的 MOR、MOE 有不同程度影响。竹层积材产品胶接面密度最大，在 $1.0 \sim 1.2 kg/m^3$ 范围内，其次是表层密度。在各种组坯方式中，交叉四层组坯制备的竹层积材产品密度分布均匀，平行和垂直于主方向的 MOR、MOE 稳定。经验证性试验可知，产品平行和垂直于主方向的 MOR 分别为 88.23MPa、121.35MPa，平行和垂直于主方向的 MOE 分别为 7510.78MPa、8130.66MPa，未出现浸渍开裂、剥离现象，达到客车车厢底板竹胶合板的力学标准。

5

基于 LCA 的竹层积材环境效应评价

据前文研究可知，采用交叉组坯制造的 4 层 12mm 厚竹层积材具有较优异的力学性能，可以作为结构用材。在本章将以该材料的中试生产为例，利用 GABI6.0 软件和 CML2016 评价方法，通过确定其边界范围、清单分析、影响评价、结果解释四个环节，探讨其生产制造过程中的环境效应，以期进一步优化其生产工艺，提高产品的竞争力。

5.1 环境效应评价工具

本研究采用德国 PE-INTERNATIONAL 公司开发的 GABI6.0LCA 软件以及 CML2016 方法，研究步骤如图 5-1 所示。

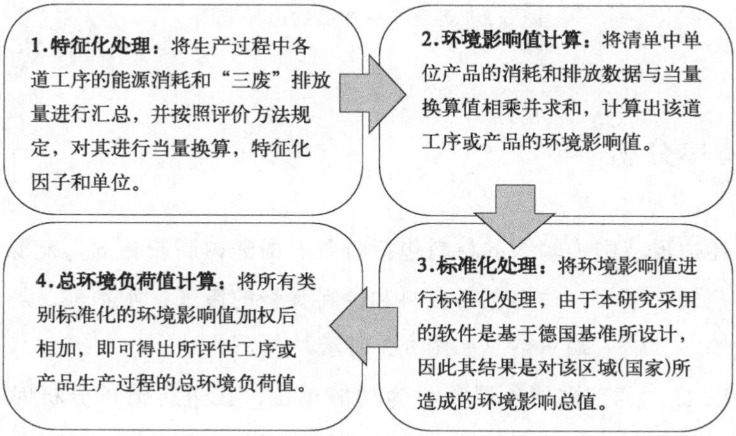

1.特征化处理：将生产过程中各道工序的能源消耗和"三废"排放量进行汇总，并按照评价方法规定，对其进行当量换算，特征化因子和单位。

2.环境影响值计算：将清单中单位产品的消耗和排放数据与当量换算值相乘并求和，计算出该道工序或产品的环境影响值。

4.总环境负荷值计算：将所有类别标准化的环境影响值加权后相加，即可得出所评估工序或产品生产过程的总环境负荷值。

3.标准化处理：将环境影响值进行标准化处理，由于本研究采用的软件是基于德国基准所设计，因此其结果是对该区域(国家)所造成的环境影响总值。

图 5-1　GABI 软件 LCA 分析流程

5.2 目标与范围

为全面评估新型竹层积材产品的环境效应，本章以其中试生产过程中的全部流程为研究对象，并确定边界范围。竹层积材生产过程包括：原材料的运输→毛竹截断→竹筒分片→去竹青竹黄→竹条干燥→高温热处理→精刨→微孔处理→热压→裁板→砂光→入库→出厂等工序。按照国际环境毒理学与化学学会（SETAC，1990）提出的"生命周期评价"定义，即评估一个产品或过程对环境带来负荷的客观分析方法，本文将研究的边界范围确定为原料进厂到成品入库的生产全过程，如图5-2所示，包括原料准备、预处理、组坯热压、成品定型4道工段共12道主要工序，以及从原料进厂到原料、废料、半成品、成品场内运输的环节。

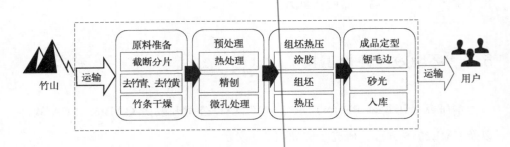

图 5-2 竹层积材产品的边界范围

5.3 清单分析

在上述边界范围内输入的材料包括竹条、酚醛树脂胶黏剂，能源形式包括电能、水蒸气、柴油，输出包括废料和余料焚烧的废气、水蒸气、场内外运输汽车尾气等，其输入输出情况如图5-3所示。

本文以1m³的弦向竹条层积材为功能单位，在进行清单分析时，均以功能单位为标准当量进行数据折算，以便对竹层积材产品各道工序的环境负荷进

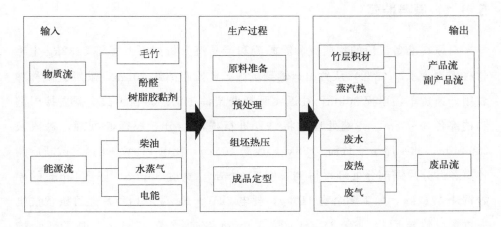

图 5-3 边界系统内竹层积材产品输入输出

行分析评价。清单分析中的数据采集来源于某公司中试生产线，并进行相关计算。在中试生产线上主要的设备及其工作参数如表 5-1 所示。

表 5-1 竹层积材生产制造主要设备及其参数

序号	名称	型号	功率	其他参数
1	自卸低速货车	SW410PD	60kW	耗油量:20L/100km
2	截头锯	MJ104	3kW	转速:2300r/min
3	分片锯	WZS2400	4kW	主轴转速:130r/min
4	竹条智铣机	TL-CB1	27.2kW	主轴转速:4300r/min
5	干燥室顶风机	DWT-Ⅰ	3kW	风速:20～40m/s
6	工业用热处理箱	DHG-9545A	3.1kW	温度范围:10～300℃
7	精刨机	ZJX4T-3	14.6kW	进料速度:50m/min
8	数控微孔机	DLJ8Ra	0.85kW	孔径:0.05～3mm
9	热压机	SDR1300×2500	22.5kW	主压力:10MPa
10	精密裁板锯	MJ6128Y	4.75kW	主轴转速:4500r/min
11	砂光机	1300R-R-P	86kW	运送速度:6～30m/min
12	叉车	CPC35-AG51	36.8kW	载重:3.5t

5.3.1 原料准备

对原料准备工段的物质流、能源流和产品流分析如下：①将5232kg生毛竹（平均含水率65%）从竹山运输到场内，此段距离约20km，采用铁武林牌农用低速货车，单程30km，往返实际耗费柴油12L；②利用截头锯去掉根部和梢部各3～5cm，齐端处理后将竹秆进行横向均分3段截断处理，每段长2100mm，此工序生产竹筒5128kg，废料105kg，耗电14kW·h；③截断后圆竹筒经过分片锯剖分处理，得到长度2100mm、宽度30mm、厚度8mm的原始竹片4717kg，加工剩余物410kg，耗电7kW·h；④原始竹片经竹条智铣机去竹青、竹黄后得到宽24mm、厚5.5mm弦向竹条2595kg，加工剩余物2123kg，耗电151kWh；⑤弦向竹条经过饱和蒸汽干燥处理，得到含水率为12%烘干竹条1634kg，由于顶风机耗费电能86kW·h，耗费饱和蒸汽1000kg，经查表换算，折合能量2609.6MJ[363]，毛竹条在干燥过程中，其中间产品质量差961kg均以水蒸气形式排放，设备产生冷凝水850kg，剩余饱和蒸汽150kg。以上工序产品质量和电能消耗信息如表5-2所示，工艺流程如图5-4所示。其耗电量按照如下公式计算：

$$W_i = (P_e \times N \div Q_t) \times a\% \quad i = 1, 2, \cdots, n$$

$$W_s = W_1 + W_2 + W_3 + \cdots + W_n$$

式中，W_s代表总耗电量；W_i代表第i道工序耗电量；P_e代表额定功率；N代表工序产量；Q_t代表工时定额；$a\%$代表稼动率。

表5-2 原料准备工段材料与电能消耗

顺序	工序	规格/mm			原料质量/kg	废料质量/kg	每道工序产品数量	功率/kW	加工工时/h	稼动率	耗电/(kW·h)
		长	宽	厚							
1	截断	2100		8	5128	105	5128kg	3	1000	90%	14
2	分片	2100	30	8	4717	410	8003片	4	4000	90%	7
3	粗刨	2100	24	5.5	2595	2123	8003片	27.2	1300	90%	151
4	干燥	2100	24	5.5	1634	961	8003片	3	278	100%	86

図 5-4　原料准备工段工艺流程

5.3.2　预处理

对预处理工段的物质流、能源流和产品流分析如下：

① 利用高温热处理设备对竹条进行热处理，处理温度为 160℃，处理时间为 5h，因热处理箱的最大尺寸为 2200mm×900mm×780mm，因此需要加工 3 次完成，其耗电量为 46.5kW·h，经过此道工序后得到热处理竹条 1553kg，质量损失 81kg 均默认为水蒸气，固体残渣不足 1kg（按照生命周期评价 5％规则[364]，即质量占产品比重不及 5％且对环境影响较轻而可以忽略的原则，这部分损失不纳入本章研究），经过热处理后竹条含水率达到 8％。

② 为了保证后续加工质量，热处理竹条需要加工出基准面即四面刨光。经过精刨机刨切加工后，竹条厚度降低至 3.25mm，此工序获得精刨竹条 803kg，质量差 750kg 作为废料。

③ 刨切定厚竹条经过激光打孔器进行双面打孔，打孔深度 1mm，孔径 1mm，孔间距 30mm，该工序耗电 48kW·h，质量损失忽略不计。

以上工序中产品质量和电能消耗信息如表 5-3 所示，工艺流程如图 5-5 所示。

表 5-3 原料预处理工段材料与电能消耗

顺序	工序	规格/mm			原料质量/kg	废料质量/kg	每道工序产品数量	功率/kW	加工工时/h	稼动率	耗电/(kW·h)
		长	宽	厚							
1	热处理	2100	21	5.5	1553	810	8003 片	3.1	530	100%	46.5
2	精刨	2100	21	3.25	803	750	8003 片	14.6	1500	90%	70
3	打孔	2100	21	3.25	803	0	8003 片	0.75	100	80%	48

(a) 热处理   (b) 精刨   (c) 打孔

图 5-5 预处理工段工艺流程

5.3.3 组坯热压

对组坯热压工段的物质流、能源流和产品流分析如下：①组坯阶段主要采用人工操作，利用涂胶辊涂胶，单面涂胶量 $150g/m^2$，生产 $1m^3$ 竹层积材产品的总涂胶量为 30kg，无其他能源消耗；②组坯是将弦向竹条按照 $// \rightarrow \perp \rightarrow \perp \rightarrow //$ 的形式交叉组坯，共 4 层，组坯过程靠人工完成，无能源消耗和废品排放；③热压阶段采用热压温度为 145℃、热压时间为 11min、热压侧压力为 2MPa 的工艺，最终将 3.25mm 的弦向竹条经过热压制成厚 13mm，总质量 826kg 层积材。在热压阶段采用热进热出工艺，热压机热量来自饱和蒸汽，经过企业统计，该工序投入饱和蒸汽 2000kg，排放可循环利用冷凝水 1400kg，排放水蒸气 607kg。以上工序产品质量和电能消耗信息如表 5-4 所示，工艺流程如图 5-6 所示。因涂胶、组坯工序不涉及电能消耗，因此将其纳入热压工序探讨环境效应评价。

表 5-4　组坯热压工段材料与电能消耗

顺序	工序	规格/mm			原料质量/kg	废料质量/kg	每道工序产品数量	功率/kW	加工工时/h	稼动率	耗电/(kW·h)
		长	宽	厚							
1	涂胶	2100	21	3.25	833	—	8003 片	—	—	—	—
2	组坯	2100	21	3.25	833	—	8003 片	—	—	—	—
3	热压	2100	605	13	826	607	70 板	22.5	16	30%	30

(a) 组坯热压

(b) 裁板

(c) 砂光

图 5-6　组坯热压与成品定型工段工艺流程

5.3.4　成品定型

对成品定型工段的物质流、能源流和产品流分析如下：①对热压后制成的板材陈放 48h 后，质量损失 32kg，为板内水蒸气排放，而后对 794kg 粗加工板件利用精密裁板锯进行尺寸精加工，获得层积材 750kg，加工剩余物为固体废料 44kg；②经过宽带砂光机表面砂光处理，获得层积材净料 720kg，粉尘等固体废物 30kg。以上工段主要以电能消耗为主，其能耗信息如表 5-5 所示，主要工艺流程如图 5-6 所示。因陈放工序不涉及能源消耗和环境负荷，因此将其纳入砂光工序探讨环境效应评价。

表 5-5　成品定型工段材料与电能消耗

顺序	工序	规格/mm			原料质量/kg	废料质量/kg	每道工序产品数量	功率/kW	加工工时/h	稼动率	耗电/(kW·h)
		长	宽	厚							
1	陈放	2100	605	12.5	794	32	70 板	—	—	—	—
2	裁板	2100	600	12.5	750	44	70 片	4.75	35	90%	9
3	砂光	2100	600	12	720	30	70 片	86	120	90%	54

在本研究中，竹条干燥和热压环节均需要以饱和蒸汽作为热能来源。本中试生产线的饱和蒸汽并非企业外购，而是靠焚烧加工剩余物、边角料获取。Hu[365] 等研究结果表明，绝干单位质量（1kg）竹秆在300℃燃烧时，产生热量值为17.67MJ。竹秆在300℃燃烧时产生的废气最多，占全部废品质量的87.41%，固体废物占废品质量的12.59%。单位质量废气中各类气体质量分数如表5-6所示。此外，在场内运输中，采用CPC35-AG51型叉车运输，柴油消耗量16L。根据叉车在场内的运输时间，按照叉车平均耗油量6L/h、柴油密度 $\rho = 0.85g/cm^3$ 计算，计算得到各工序耗油量如表5-7所示。

表 5-6 单位质量废气中各气体成分质量分数[365]

序号	气体成分	质量分数
1	H_2O	18.51%
2	CO_2	70.37%
3	NH_3	8.39%
4	NO	1.26%
5	NO_2	0.39%
6	HCN	1.05%
7	SO_2	0.03%

表 5-7 叉车在各工序耗柴油清单

序号	工序	运输起点	运输终点	运输时间	运输次数（含空载）	耗油量/kg
1	裁断	原料区	机加区	19min43s	3	1.67
2	分片	机加区	机加区	8min7s	3	0.69
3	粗刨	机加区	机加区	9min37s	1	0.82
4	干燥	机加区	干燥区	25min14s	3	2.14
5	热处理	干燥区	热处理区	19min28s	1	1.65
6	精刨	热处理区	机加区	19min10s	1	1.63
7	打孔	机加区	机加区	9min38s	1	0.79
8	热压	机加区	热压区	19min30s	1	1.66
9	裁板	热压区	机加区	22min22s	3	1.90
10	砂光	机加区	机加区	6min55s	1	0.59

　　根据以上清单分析和前期理论研究，输入输出技术模型如图 5-7 所示，生产 $1m^3$ 竹层积材产品的物料和排放清单计算结果如表 5-8 所示。

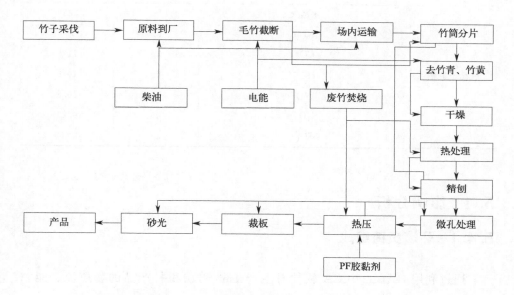

图 5-7　生产 $1m^3$ 竹层积材产品输入输出技术模型

表 5-8　生产 $1m^3$ 竹层积材产品环境负荷数据清单

产品	清单名称	单位	输入/输出
	竹层积材	kg	720
原料	竹子(含水率65%)	kg	5233
	水	kg	3000
	酚醛树脂胶黏剂	kg	30
能源	电	MJ	$1.86×10^3$
	蒸汽	MJ	$7.90×10^3$
	柴油	kg	24
液体废弃物	废水	kg	850
固体废弃物	粉尘	kg	32
	竹子边角料	kg	$3.39×10^3$
	加工后产品边角料(施胶后)	kg	74
	燃烧后灰分	kg	211

产品	清单名称	单位	输入/输出
	竹层积材	kg	720
气体废弃物	水蒸气	kg	3369
	NH_3	kg	140
	CO_2	kg	1120
	HCN	kg	16.9
	NO	kg	20.3
	NO_2	kg	6.29
	SO_2	kg	0.484

5.4 影响分析

5.4.1 环境负荷组成

通过利用 GABI6.0LCA 软件对生产 $1m^3$ 竹层积材产品的物质流、能源流、产品流等分析发现，本生产线上各生产工序都对环境产生一定负荷；同时也综合分析了叉车用柴油炼制过程以及为获取热能而焚烧废竹的环境负荷。经 GABI6.0 软件测试表明，本生产过程对环境的负荷主要包括：资源消耗（abiotic depletion potential，简称 ADP）、酸化（acidification potential，简称 AP）、富营养化（eutrophication potential，简称 EP）、全球变暖（global warming potential，简称 GWP）、淡水生态毒性（freshwater aquatic ecotoxicity potential，简称 FAETP）、人类毒性（human toxicity potential，简称 HTP）、海水生态毒性（marine aquatic ecotoxicity potential，简称 MAETP）、陆地生态毒性（terrestrial ecotoxicity potential，简称 TETP）、臭氧层破坏（ozone layer depletion potential，简称 ODP）。而产品对光化学臭氧生成的环境负荷（photochemical ozone creation potential，简称 POCP）为 $-10.9kg$ 乙烯（ethene）当量，证明此工艺不会导致光化学臭氧生成风险，因此对其不做特征化分析。按照 CML2016 评价方法，以上环境因子的特征化因子如表 5-9 所示。

表 5-9　CML2016 评价方法的特征化因子

环境影响类型	当量单位	权重
资源消耗(ADP)	kg 锑(Sb)	6.4
酸化(AP)	kg 二氧化硫(SO_2)	6.1
富营养化(EP)	kg 磷酸根(PO_4^{3-})	6.6
全球变暖(GWP)	kg 二氧化碳(CO_2)	9.3
淡水生态毒性(FAETP)	kg 二氯联苯(DCB)	6.8
海水生态毒性(MAETP)	kg 二氯联苯(DCB)	6.8
陆地生态毒性(TETP)	kg 二氯联苯(DCB)	6.8
人类毒性(HTP)	kg 二氯联苯(DCB)	7.1
臭氧层破坏(ODP)	kg 一氟三氯甲烷(R11)	6.2

5.4.2　环境负荷特征化分析

在生命周期评价中，特征化分析是将各个工序的环境负荷转换为某种"当量"来定量表征各工序对环境产生的各类负荷，本中试生产线竹层积材环境负荷特征化结果如表 5-10 所示。

表 5-10　生产 $1m^3$ 竹层积材产品环境负荷特征化结果

项目	ADP Sb/kg	AP SO_2/kg	EP PO_4^{3-}/kg	GWP CO_2/kg	FAETP DCB/kg	MAETP DCB/kg	TETP DCB/kg	HTP DCB/kg	ODP R11/kg
运输	0.00	1.72×10^{-1}	4.52×10^{-2}	3.18×10^1	4.57×10^{-4}	9.10×10^{-5}	5.20×10^{-5}	3.23×10^{-1}	0.00
裁断	8.91×10^{-7}	8.24×10^{-2}	1.15×10^{-2}	1.78×10^1	1.67×10^{-1}	2.34×10^3	9.79×10^{-2}	4.35	4.20×10^{-14}
分片	4.45×10^{-7}	4.11×10^{-2}	5.74×10^{-3}	8.91	8.34×10^{-2}	1.17×10^3	4.90×10^{-2}	2.18	2.10×10^{-14}
粗刨	7.46×10^{-6}	5.44×10^{-1}	4.23×10^{-2}	1.29×10^2	1.24	2.40×10^4	1.04	4.44×10^1	4.48×10^{-13}
干燥	4.39×10^{-6}	3.34×10^{-1}	2.99×10^{-2}	7.81×10^1	7.48×10^{-1}	1.37×10^4	5.93×10^{-1}	2.55×10^1	2.56×10^{-13}

续表

项目	ADP	AP	EP	GWP	FAETP	MAETP	TETP	HTP	ODP
	Sb/kg	SO_2/kg	PO_4^{3-}/kg	CO_2/kg	DCB/kg	DCB/kg	DCB/kg	DCB/kg	R11/kg
热处理	2.47×10^{-6}	1.96×10^{-1}	1.98×10^{-2}	4.50×10^{1}	4.29×10^{-1}	7.48×10^{3}	3.22×10^{-1}	1.39×10^{1}	1.38×10^{-13}
精刨	3.61×10^{-6}	2.78×10^{-1}	2.57×10^{-2}	6.46×10^{1}	6.18×10^{-1}	1.12×10^{4}	4.83×10^{-1}	2.08×10^{1}	2.08×10^{-13}
打孔	2.54×10^{-6}	2.01×10^{-1}	2.01×10^{-2}	4.62×10^{1}	4.41×10^{-1}	7.72×10^{4}	3.32×10^{-1}	1.43×10^{1}	1.43×10^{-13}
热压	2.05×10^{-5}	2.57×10^{-1}	3.36×10^{-2}	9.98×10^{1}	7.33×10^{-1}	6.83×10^{3}	2.70×10^{-1}	1.43×10^{1}	3.59×10^{-13}
裁板	6.48×10^{-7}	6.48×10^{-2}	1.02×10^{-2}	1.36×10^{1}	1.26×10^{-1}	1.54×10^{3}	6.35×10^{-2}	2.91×10^{1}	2.71×10^{-14}
砂光	2.83×10^{-6}	2.22×10^{-1}	2.16×10^{-2}	5.12×10^{1}	4.89×10^{-1}	8.67×10^{3}	3.73×10^{-1}	1.61×10^{1}	1.61×10^{-13}
炼油	1.26×10^{-6}	2.75×10^{-2}	2.08×10^{-3}	4.61×10^{-1}	3.21×10^{-1}	7.11×10^{2}	9.27×10^{-3}	1.13	2.67×10^{-15}
焚竹	0.00	3.03×10^{2}	6.72×10^{1}	1.25×10^{3}	0.00	0.00	0.00	2.72×10^{1}	0.00

对本次生产过程环境效应的特征化结果分析如下：

① 在资源消耗方面（ADP），共产生 4.70×10^{-5}kg 当量的 Sb，其中热压工序环节对此贡献度最大，达到 43.62%，其次分别为粗刨、干燥、精刨和砂光，贡献度百分比分别为：15.83%、9.34%、7.68%、6.02%。

② 环境酸化方面（AP），共产生 305.44kg 当量的 SO_2，其中焚烧竹材贡献率达到 99.3%。

③ 在环境富营养化方面（EP），共产生 67.48kg 当量的 PO_4^{3-}，同样，竹材焚烧的贡献率最高，达到 99.6%。

④ 在全球变暖（温室效应）方面（GWP），产生 1843.47kg 当量 CO_2，其中焚竹贡献比重达到 67.81%，其次为粗刨和热压环节（贡献率分别为 7.01%、5.42%），其他工序的全球变暖贡献率在 5% 以下。

⑤ 在淡水生态毒性方面（FAETP），共产生 5.42kg 当量的二氯联苯，其中粗刨、干燥、热压、精刨工序的贡献率较大，贡献百分比分别为：22.86%、

13.79%、13.51%、11.39%。

⑥ 在海水生态毒性方面（MAETP），共产生 8.54×10^4 kg 当量的二氯联苯，贡献率较高的工序为粗刨、干燥、精刨、砂光，贡献率分别为 28.10%、16.04%、13.11%、10.15%。

⑦ 在陆地生态毒性方面（TETP），共产生 3.63kg 当量的二氯联苯，各工序的贡献率趋势与 MAETP 一致，粗刨工序占比最高，为 28.65%。

⑧ 在人类毒性方面（HTP），产生 213.69kg 当量的二氯联苯，粗刨、裁板、焚竹、干燥环节的贡献率较高，分别为：20.75%、13.60%、12.71%、11.92%。

⑨ 在臭氧层破坏方面（ODP），产生 1.81×10^{-12} kg 当量的一氟三氯甲烷，其中粗刨、热压、干燥、精刨环节的贡献度较大，贡献百分比依次为：24.75%、19.83%、14.14%、11.49%。各工序在各种环境污染因素中所占比重如图 5-8 所示。

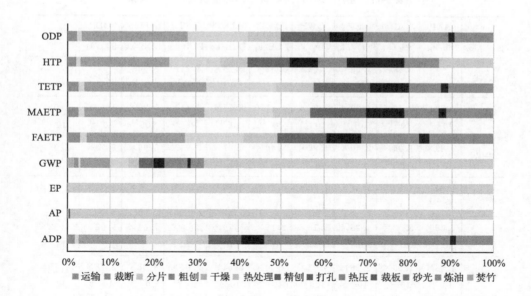

图 5-8　生产 1m³ 竹层积材产品，各工序在环境影响类型中占比（见封三）

由图可知，原料从场外到场内的运输、竹筒裁断、分片工序对各环境负荷类型的影响较小；粗刨、精刨、干燥、热处理工序对淡水生态毒性（FAE-TP）、海水生态毒性（MAETP）、陆地生态毒性（TETP）、人类毒性（HTP）和臭氧层破坏（ODP）的环境影响较大；打孔和砂光工序除了对环境酸化（AP）和富营养化（EP）几乎无影响之外，对其他环境效应均产生一定较均衡的影响；热压工序主要带来资源消耗（ADP）；裁板主要带来人类毒性（HTP）；炼油主要带来资源消耗（ADP）和淡水生态毒性（FAETP）；竹子焚烧主要带来酸化（AP）、富营养化（EP）、全球变暖（GWP）。

5.4.3　环境负荷归一化分析

为了便于比较和分析各环境影响因素，通过 GABI6.0 软件对特征化值进行标准化和加权计算后，获得竹层积材生产过程中环境负荷归一化结果（CML2016，World）如表 5-11 所示。

表 5-11　生产 $1m^3$ 竹层积材产品环境负荷归一化结果

项目	ADP	AP	EP	GWP	FAETP	MAETP	TETP	HTP	ODP	总和
	Sb/kg	SO_2/kg	PO_4^{3-}/kg	CO_2/kg	DCB/kg	DCB/kg	DCB/kg	DCB/kg	R11/kg	
运输	0.00	4.39×10^{-12}	1.89×10^{-12}	7.02×10^{-12}	1.32×10^{-15}	3.18×10^{-18}	3.24×10^{-16}	8.90×10^{-13}	0.00	1.42×10^{-11}
裁断	1.58×10^{-14}	2.10×10^{-12}	4.80×10^{-13}	3.93×10^{-12}	4.81×10^{-13}	8.15×10^{-11}	6.11×10^{-13}	1.20×10^{-11}	1.15×10^{-21}	1.01×10^{-10}
分片	7.89×10^{-15}	1.05×10^{-12}	2.40×10^{-13}	1.96×10^{-12}	2.40×10^{-13}	4.07×10^{-11}	3.05×10^{-13}	5.99×10^{-12}	5.73×10^{-22}	5.05×10^{-11}
粗刨	1.32×10^{-13}	1.39×10^{-11}	1.77×10^{-12}	2.85×10^{-11}	3.59×10^{-12}	8.35×10^{-10}	6.49×10^{-12}	1.22×10^{-10}	1.22×10^{-20}	1.01×10^{-9}
干燥	7.78×10^{-14}	8.53×10^{-12}	1.25×10^{-12}	1.72×10^{-11}	2.15×10^{-12}	4.79×10^{-10}	3.70×10^{-12}	7.01×10^{-11}	6.98×10^{-21}	5.82×10^{-10}
热处理	4.38×10^{-14}	5.00×10^{-12}	8.26×10^{-13}	9.92×10^{-12}	1.24×10^{-12}	2.61×10^{-10}	2.01×10^{-12}	3.82×10^{-11}	3.78×10^{-21}	3.18×10^{-10}
精刨	6.40×10^{-14}	7.09×10^{-12}	1.07×10^{-12}	1.42×10^{-11}	1.78×10^{-12}	3.90×10^{-10}	3.01×10^{-12}	5.72×10^{-11}	5.68×10^{-21}	4.74×10^{-10}
打孔	4.50×10^{-14}	5.13×10^{-12}	8.39×10^{-13}	1.02×10^{-11}	1.27×10^{-12}	2.69×10^{-10}	2.07×10^{-12}	3.94×10^{-11}	3.90×10^{-21}	3.28×10^{-10}

续表

项目	ADP	AP	EP	GWP	FAETP	MAETP	TETP	HTP	ODP	总和
	Sb/kg	SO_2/kg	PO_4^{3-}/kg	CO_2/kg	DCB/kg	DCB/kg	DCB/kg	DCB/kg	$R11/kg$	
热压	3.63×10^{-13}	6.57×10^{-12}	1.40×10^{-12}	2.20×10^{-11}	2.11×10^{-12}	2.38×10^{-10}	1.68×10^{-12}	3.93×10^{-11}	9.81×10^{-21}	3.11×10^{-10}
裁板	1.15×10^{-14}	1.65×10^{-12}	4.26×10^{-13}	3.00×10^{-12}	3.64×10^{-13}	5.38×10^{-11}	3.96×10^{-13}	8.01×10^{-11}	7.41×10^{-22}	1.40×10^{-10}
砂光	5.02×10^{-14}	5.66×10^{-12}	9.04×10^{-13}	1.13×10^{-11}	1.41×10^{-12}	3.02×10^{-10}	2.33×10^{-12}	4.43×10^{-11}	4.39×10^{-22}	3.68×10^{-10}
炼油	2.23×10^{-14}	7.01×10^{-13}	8.70×10^{-14}	1.02×10^{-12}	9.24×10^{-13}	2.48×10^{-11}	5.78×10^{-14}	3.10×10^{-12}	7.30×10^{-23}	3.07×10^{-11}
焚竹	0.00	7.73×10^{-9}	2.81×10^{-9}	2.76×10^{-10}	0.00	0.00	0.00	7.47×10^{-11}	0.00	1.09×10^{-8}
总和	8.33×10^{-13}	7.79×10^{-9}	2.82×10^{-9}	4.06×10^{-10}	1.56×10^{-11}	2.79×10^{-9}	2.27×10^{-11}	5.87×10^{-10}	4.93×10^{-20}	

通过归一化结果分析可知，按此工艺生产 $1m^3$ 竹层积材产生的环境负荷排序为：酸化（AP）＞海水生态毒性（MAETP）＞富营养化（EP）＞人类毒性（HTP）＞全球变暖（GWP）＞陆地生态毒性（TETP）＞淡水生态毒性（FAETP）＞资源消耗（ADP）＞臭氧层破坏（ODP）。假设总负荷为 100％，各负荷所占百分比如图 5-9 所示，按照上述次序所占比率依次为：53.27％、 20.34％、 19.29％、 4.01％、 2.78％、 0.15％、 0.11％、0.01％、0.001％。

由表 5-11 可知，在各个工序当中按照其所制造的环境负荷大小排序依次为：竹子焚烧＞粗刨（去竹青、竹黄）＞干燥＞精刨＞砂光＞打孔＞热处理＞热压＞裁板＞裁断＞分片＞炼油＞运输。如图 5-10 所示，假设总负荷为 100％，各工序对环境效应影响所占百分比依次为：74.53％＞6.93％＞3.99％＞3.25％＞2.52％＞2.25％＞2.18％＞2.13％＞0.96％＞0.69％＞0.35％＞0.21％＞0.10％。

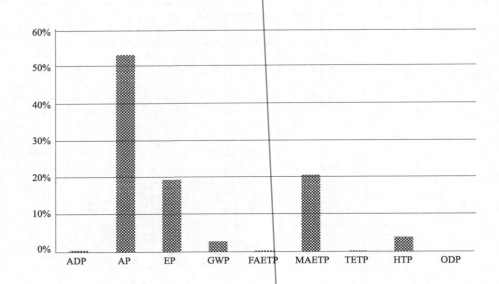

图 5-9　各类环境负荷占总负荷百分比

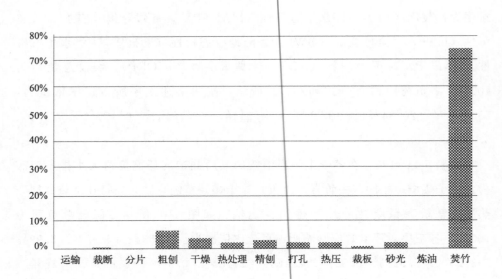

图 5-10　各工序对环境负荷占总负荷百分比

5.5　结果解释

5.5.1　对环境负荷的解释

在中试生产条件下，按照 CML2016 的评价标准，制造 $1m^3$ 新型竹层积材对资源消耗、臭氧层破坏、淡水生态毒性和陆地生态毒性影响极小，可见利用竹材制造层积材及其生产工艺具有低能耗、低物料消耗的特征。但在本生产工艺中，由于竹条干燥、热压等工序需要大量蒸汽作为热能，因此依靠焚烧废竹获得饱和蒸汽作为热量来源。废竹焚烧作为最主要原因造成了一定程度的环境酸化、富营养化和全球变暖。

在本生产工艺中理论上总共消耗饱和蒸汽 3000kg，折合需要共计 7900MJ 热量。在全部工序中可利用于燃烧的废竹及其提供热量如表 5-12 所示。由表可知，本生产工艺全部废竹燃烧（不考虑竹材内部水分燃烧时汽化放热）可以产生 28500MJ 的热量，剩余 20600MJ 热量。本次环境评价是在排放物最多的燃烧条件下（300℃），按裁断、分片、粗刨、精刨 4 步工序产生的废料全部焚烧计算的，相当于燃烧 0.98t 标准煤或 730.78m³ 天然气的发热量[366-367]。

表 5-12　可燃烧废竹与热量

工序	废竹质量/kg	含水率/%	热量/MJ
裁断	105	65	649.37
分片	410	65	2535.65
粗刨	2123	65	13129.70
精刨	750	8	12192.30
合计			28500

基于 GABI6.0 对产生同样热值的废竹、标准煤、天然气对环境负荷的影响比较如表 5-13 所示。

通过表 5-13 可知，在创造同等热量条件下，燃煤和天然气产生的环境负荷普遍远高于废竹焚烧。其中燃煤产生的酸化（AP）是废竹焚烧的 6 倍，全球变暖（GWP）是废竹焚烧的 34 倍，人类毒性（HTP）是废竹焚烧的 573

倍；燃烧天然气产生的全球变暖（GWP）是废竹焚烧的 25 倍，人类毒性（HTP）是废竹焚烧的 37 倍。此外，通过对比也发现燃烧废竹产生的富营养化（EP）分别是燃煤和天然气的 6 倍、11 倍。这主要是由于竹材燃烧的剩余灰分含 K、P、Ca、Si 等矿物质。燃烧天然气的酸化（AP）效应仅有焚竹的 1/10。此外从成本上看，按照福建省目前煤炭价格 650 元/t、天然气 1.8 元/m^3 计算，生产 $1m^3$ 该竹层积材产品，去掉废竹加工耗电、人工等费用以及竹材成本，相对于燃煤和燃天然气，仍可分别节省 200～800 元不等，为企业带来可观经济效益。

表 5-13　焚烧等热量废竹与燃煤、天然气的环境效应特征化分析

环境负荷与当量		焚竹	燃煤	天然气	燃煤与焚竹	燃气与焚竹
					当量值差	当量值差
ADP	Sb/kg	0.00	-2.91×10^{-2}	-3.12×10^{-1}	-2.91×10^{-2}	-3.12×10^{-1}
AP	SO_2/kg	3.03×10^{2}	-1.80×10^{3}	-28.2	-1.50×10^{3}	2.75×10^{2}
EP	PO_4^{3-}/kg	67.2	-11.7	-6.15	55.5	61.1
GWP	CO_2/kg	1.25×10^{3}	-4.30×10^{4}	-3.18×10^{4}	-4.18×10^{4}	-3.06×10^{4}
FAETP	DCB/kg	0.00	-4.22×10^{2}	-39.0	-4.22×10^{2}	-39.0
MAETP	DCB/kg	0.00	-7.70×10^{6}	-9.47×10^{4}	-7.70×10^{6}	-9.47×10^{4}
TETP	DCB/kg	0.00	-3.67×10^{2}	-1.31	-3.67×10^{2}	-1.31
HTP	DCB/kg	27.2	-1.56×10^{4}	-1.03×10^{3}	-1.56×10^{4}	-1.00×10^{3}
ODP	R11/kg	0.00	-4.64×10^{-10}	-1.18×10^{-10}	-4.64×10^{-10}	-1.18×10^{-10}

注：焚竹的特征化当量结果记为＋值，燃煤和天然气特征化当量记为－。

5.5.2　对各工序造成环境负荷的解释

通过以上分析可知，在竹层积材的生产工序中，除了竹材焚烧对环境造成负荷影响较大之外，粗刨、精刨、砂光等工序也产生了不小的环境负荷。对于以上工序，由于设备功率较大，且加工时间长，耗电量较大，在利用 GA-BI6.0 软件进行建模和分析时将发电过程的环境负荷也累积到工序的环境负荷中。

在干燥和热压工序，由于需要大量的饱和蒸汽作为热源，在水热作用下竹

材及其制品会产生乙酸并析出微量酚类、醛类物质[141] 融入废水排放，从而对淡水、海水、陆地生态系统和人类健康产生毒害。在热压阶段由于酚醛树脂胶黏剂的使用，也带来了一定程度的资源消耗（ADP）和臭氧破坏（ODP）的风险。由于本工艺采用涂胶工艺，涂胶量为 $150g/m^2$，相比利用浸胶工艺制备竹束层积材、竹帘层积材等其他竹基复合材料，其用胶量减少 1/3，且减少了浸胶后干燥工艺，既节省能源又减少了污染物排放。此外，在热压工序中，由于本产品较薄（12mm），采用"热进热出"的工艺，相比竹束层积材、竹帘层积材"冷进冷出"的工艺能源而言消耗大大降低。

综上所述，本文开发研究的新型竹层积材是一种低碳、节能的多功能竹基复合材料，针对其环境效应提出如下建议：①由于焚烧废竹产生的热量远超出实际生产 $1m^3$ 竹层积材的能耗，因此可通过充分利用这部分余热对竹材进行热处理，以减少电能消耗；②对于生产企业耗电量较高的老旧设备可更换处理，或进一步提高设备稼动率，优化生产车间工艺路线，提高劳动生产率，减少设备工作时间；③对于非户外产品可以采用脲醛树脂胶黏剂代替酚醛树脂胶黏剂，以降低热压温度、减少饱和蒸汽消耗；④对于废竹焚烧产生的灰分应进一步加工成农业肥料，变废为宝。

5.6 本章小结

① 以竹层积材原料运输到成品入库为边界范围，根据 CML2016 评价方法，在中试线生产 $1m^3$ 竹层积材产生的主要负荷及其排序为：酸化（AP）53.27％＞海水生态毒性（MAETP）20.34％＞富营养化（EP）19.29％＞人类毒性（HTP）4.01％＞全球变暖（GWP）2.78％＞陆地生态毒性（TETP）0.15％＞淡水生态毒性（FAETP）0.11％＞资源消耗（ADP）0.01％＞臭氧层破坏（ODP）0.001％。

② 制造本产品所产生的环境负荷主要来源于竹子焚烧（自给能量）和粗刨（去竹青、竹黄），两者分别占总环境负荷的 74.59％和 6.93％，其他工序对环境负荷的贡献度排序依次为：干燥 3.99％＞精刨 3.25％＞砂光 2.52％＞

打孔 2.25%＞热处理 2.18%＞热压 2.13%＞裁板 0.96%＞裁断 0.69%＞分片 0.35%＞炼油 0.21%＞运输 0.10%。

③ 利用废旧竹材焚烧可以满足工厂能源自给，除富营养化（EP）、酸化（AP）之外，其余各环境负荷均小于燃煤和天然气，且按此工艺制造产品的碳足迹明显优于燃煤和天然气。在干燥和热压工序，由于废水中含有乙酸、酚类、醛类物质从而对淡水、海水、陆地生态系统和人类健康产生毒害。另外，酚醛树脂胶黏剂的使用，也带来了一定程度的资源消耗（ADP）和臭氧破坏（ODP）的风险。

6

结 论

为进一步节约森林资源，扩宽福建省毛竹资源应用领域，加强"以竹代木"，本书在前人研究的基础上采用弦向竹条为研究对象，分别从其理化性能、预处理改性、制备工艺以及环境效应等方面逐层递进式探讨轻质、高强、低碳多功能竹层积材的制备方法和机理，其主要研究结论如下：

① 竹材的离地高度对其力学强度的影响较小，而年份对其力学强度具有显著性影响。竹节的存在与否对竹材的抗弯强度、弹性模量、抗剪强度和抗拉强度有显著性差异。进一步研究发现节间的力学强度优于竹节的力学强度是由于竹节处的维管束纤维呈现弯曲形态，影响了其结构完整性；此外，箨环和竹隔的细胞组织穿插在纵向纤维中，使维管束长度变短，使得纤维强度下降。在接触角方面，在同一高度和同一年份时竹肉部位的接触角大于竹青肉和竹黄肉，在同一高度或同一年份时竹肉、竹青肉、竹黄肉三部位接触角在组间差异不明显，5年生毛竹的竹肉、竹青肉和竹黄肉的差异性相对较小，材性相对更稳定。研究发现，竹龄对毛竹的纤维素含量、苯抽提物含量有显著影响，高度对各组分均无显著影响。通过微观形貌观察发现，3年和5年生毛竹在微观构造上不具有明显的差异，但是7年生毛竹轴向薄壁组织中含有较多淀粉颗粒。因此，当采用毛竹作为复合材料用基材时，其在3～5年竹龄、3m离地条件下取样具有较好的理化性能优势。

② 为改善毛竹的尺寸稳定性和力学性能，分别采用冻融循环和高温热处理法对5年生、离地高3m弦向毛竹条进行预处理。根据响应面分析得到冻融循环预处理的优化工艺参数：初含水率为15％～30％，融冰温度为40℃，融冰时间为2h，冷冻时间为5h，循环次数为3次。高温预处理的优化工艺参数

为：初含水率为 10％～30％，热处理温度为 160℃，热处理时间为 5h。竹节
的存在与否对预处理后竹材接触角、吸水性和湿胀性的影响可忽略。相比冻融
循环处理，高温预处理后尽管竹材的润湿性不及冻融循环处理，但其吸水性、
吸湿膨胀率等尺寸稳定性和制品力学性能（MOR、MOE）优异于冻融循环处
理。微观形貌和 XRD 分析表明：冻融循环预处理后，竹材细胞壁结构受到破
坏，相对结晶度降低了 3.53％，从而降低了其力学性能；高温预处理后，竹
材内部化学成分发生结构重组，产生重结晶现象并析出，致使毛竹细胞腔缩小
变形，基本密度略有增加，从而提高了其力学性能。

③ 以经过优化工艺的高温预处理后 5 年生、离地高 3m 弦向毛竹条为材
料，探讨新型竹层积材制备工艺。研究发现，QQ、QH、HH 三种界面形式
对胶合竹条的剪切强度、抗弯强度、弹性模量无显著影响；在竹条胶合时有无
竹节对抗压强度、剪切强度无显著影响，对抗弯强度、弹性模量以及抗拉强度
有显著影响。无竹节竹条的力学性能高于有竹节竹条，相邻竹条竹节间错位
3～10mm 可使竹条获得更高的力学性能。采用侧面微孔工艺可以提高竹层积
材横纵向强度，经试验获得微孔处理的最佳工艺：孔间距为 30mm，孔径为
1mm，深度为 1mm。利用响应面分析法对热压工艺研究表明，热压时间和热
压温度对竹层积材力学性能有显著性影响，侧压力和交互作用不具有显著性影
响，得到竹层积材较优异热压工艺：热压温度为 145℃，热压时间为 11min，
热压侧压力为 2MPa。利用该工艺制备不用方向、不同层数层积材，结果表明
交叉四层组坯制备的竹层积材产品密度分布均匀，垂直和平行于主方向的
MOR、MOE 稳定。经第三方测试，产品垂直和平行于主方向的 MOR 分别为
88.23MPa、121.35MPa，垂直和平行于主方向的 MOE 分别为 7510.78MPa、
8130.66MPa，均达到 LY/T 1575—2000 客车车厢底板竹胶合板力学性能的行
业标准以及中通客车企业标准。

④ 利用 GABI6.0LCA 软件、CML2016 评价方法，以竹层积材原料运输
到成品入库为边界范围，对其生产制造全过程的环境效应给予了评价。在中试
线生产 1m³ 竹层积材产生的主要负荷及其排序为：酸化（AP）53.27％＞海
水生态毒性（MAETP）20.34％＞富营养化（EP）19.29％＞人类毒性
（HTP）4.01％＞全球变暖（GWP）2.78％＞陆地生态毒性（TETP）0.15％

＞淡水生态毒性（FAETP）0.11%＞资源消耗（ADP）0.01%＞臭氧层破坏（ODP）0.001%。制造本产品所产生的环境负荷主要来源于竹子焚烧（自给能量）和粗刨（去竹青、竹黄），两者分别占总环境负荷的74.59%和6.93%，其他工序对环境负荷的贡献度排序依次为：干燥3.99%＞精刨3.25%＞砂光2.52%＞打孔2.25%＞热处理2.18%＞热压2.13%＞裁板0.96%＞裁断0.69%＞分片0.35%＞炼油0.21%＞运输0.10%。尽管竹层积材在制造过程中由于利用废品焚烧获得自给能源带来一定的酸化、海水生态毒性等环境负荷，但相比产生同等热量的煤、天然气等能源，除富营养化（EP）之外，其他负荷均远小于燃烧化石燃料。对淡水、海水、陆地生态系统和人类健康产生的毒害主要来自酚醛树脂胶黏剂的使用以及在制造过程中含酸、醛类废水的排放。

参考文献

[1] 罗蓓，何蕊，杨燕，等．竹材资源分布及其在建筑中的应用[J]．西南林业大学学报（社会科学版），2019，3（5）：44-47.

[2] 苏德林．朝阳产业——竹子开发[J]．国土绿化，2018，（08）：57.

[3] 张齐生．科学合理地利用我国的竹材资源[J]．木材加工机械，1995，（4）：23-27.

[4] 郑勇．浅论提升竹材资源的综合利用[J]．湖南造纸，2014，（3）：32-34.

[5] 赖小红．福建省毛竹林产业化经营策略[J]．防护林科技，2009，（1）：61-62.

[6] 李延军，许斌，张齐生，等．我国竹材加工产业现状与对策分析[J]．林业工程学报，2016，1（01）：2-7.

[7] 吴继林，郭起荣．中国竹类资源与分布[J]．纺织科学研究，2017，（3）：76-78.

[8] 唐永裕．竹材利用现状及开发方向探讨[J]．竹子研究汇刊，2001，20（3）：36-43.

[9] 张建，汪奎宏，李琴．我国竹材利用率现状分析与建议[J]．林业机械与木工设备，2006，（8）：7-10.

[10] 邱尔发，洪伟，郑郁善．中国竹子多样性及其利用评述[J]．竹子研究汇刊，2001，20（4）：11-14.

[11] 蔡函江，毕毓芳，潘雁红，等．近10年浙江竹类文献分析研究[J]．竹子学报，2017，36（2）：16-20.

[12] 胡明芳．福建竹类植物生物多样性的现状、保护和利用[J]．竹子研究汇刊，2002，（4）：33-38.

[13] 窦营，余学军，岩松文代．中国竹子资源的开发利用现状与发展对策[J]．中国农业资源与区划，2011，32（5）：65-70.

[14] 林美如．福建省竹产业发展现状分析[J]．世界竹藤通讯，2019，17（3）：38-41.

[15] 林美如．福建省竹产业标准化建设探析[J]．世界竹藤通讯，2019，17（4）：50-55.

[16] 世界竹子资源概况[J]．世界竹藤通讯，2005，（1）：30.

[17] 世界的竹子资源状况[J]．造纸信息，2004，（5）：8.

[18] 刘蔚漪，辉朝茂，阮琳妮．泰国竹类资源民间利用初步调查分析[J]．竹子学报，2016，35（4）：42-47.

[19] 程强．世界竹子资源一览[J]．人造板通讯，2004，（1）：39.

[20] 陈晨. 中国重要散生竹地下鞭根系统植硅体碳汇研究[D]. 杭州：浙江农林大学，2019.

[21] 赵勇. 试论竹资源及其产业发展的对策[J]. 南方农业，2017，11（33）：82-84.

[22] 李岚，朱霖，朱平. 中国竹类资源及竹子产业发展现状分析[J]. 南方农业，2017，11（1）：6-9.

[23] 吴继林，郭起荣. 中国竹类资源与分布[J]. 纺织科学研究，2017，（3）：76-78.

[24] 冯云，范少辉，刘广路，等. 中原竹类植物研究进展[J]. 世界竹藤通讯，2018，16（06）：53-57.

[25] 邹全程，闫平. 四川泸州竹产业发展潜力及其对策[J]. 竹子学报，2017，36（1）：89-94.

[26] 刘一星，赵广杰. 木质资源材料学[M]. 北京：中国林业出版社，2004.

[27] 潘正伟. 地"富竹" 人"富足"——广西发展竹资源竹产业速写[J]. 广西林业，2018，（11）：12-15.

[28] 陈泰清. 岭上翠竹青——福建省毛竹林产业化发展纪实[J]. 国土绿化，2010，（2）：31.

[29] 赖小红. 福建省毛竹林产业化经营策略[J]. 防护林科技，2009，（1）：61-62+106.

[30] 钟华斌，孙春涛，李亮光，等. 毛竹资源现状与经营利用浅析[J]. 湖南林业科技，2016，43（3）：138-141.

[31] 林茂阳. 我国竹子开发利用现状[J]. 南方农机，2019，50（2）：99.

[32] 贺勇，戈振扬. 竹材性质及其应用研究进展[J]. 福建林业科技，2009，36（2）：135-139.

[33] 张宏健. 我国竹人造板及其胶粘剂高新技术的发展方向[J]. 竹子研究汇刊，2010，29（1）：6-10.

[34] 唐永裕. 竹材利用现状及开发方向探讨[J]. 竹子研究汇刊，2001，（3）：36-43.

[35] 冯明智，赵瑞龙，高黎，等. 结构用竹胶合板的应用现状及展望[J]. 木材加工机械，2012，23（2）：45-49.

[36] 吴兆喆，王旭东，季春红. 以竹代木 永安竹产业绿色发展之路[J]. 生态文明世界，2018，（2）：28-37.

[37] 毛燕清. 竹材开发利用研究综述[J]. 华东森林经理，2006，（2）：35-37.

[38] 唐宏辉，陈鸿斌，王正. 结构用竹集成材制造工艺技术简介[J]. 人造板通讯，2004，（9）：16-19.

[39] 毛燕清. 竹材开发利用研究综述[J]. 华东森林经理，2006，（2）：35-37.

[40] 田昭鹏，王朝晖，张忠利，等. 结构用竹木复合层积材的制备及其力学性能评价[J]. 安徽农业大学学报，2017，44（3）：404-408.

[41] 崔学峰. 竹木复合中密度纤维板的研究[J]. 河南建材，2019，（5）：69-70.

[42] 赵仁杰，陈哲，张建辉. 中国竹材人造板的科技创新历程与展望（续）[J]. 人造板通讯，2004，（3）：9-11.

[43] 高喜桃，韩健. 三种竹碎料板的物理力学性能比较分析[J]. 湖南林业科技，2009，36（6）：

35-37.

[44] 于文吉. 我国重组竹产业发展现状与机遇[J]. 世界竹藤通讯, 2019, 17（3）: 1-4.

[45] 姚玉萍. 我国重组竹产业发展现状[J]. 国际木业, 2018, 48（4）: 53-57.

[46] 孙正军, 程强, 江泽慧. 竹质工程材料的制造方法与性能[J]. 复合材料学报, 2008,（1）: 80-83.

[47] 徐明, 任海青, 徐金梅, 等. 中国近五年竹材加工利用研究进展及展望[J]. 世界林业研究, 2008,（1）: 61-67.

[48] 沈葵忠, 房桂干, 林艳. 中国竹材制浆造纸及高值化加工利用现状及展望[J]. 世界林业研究, 2018, 31（3）:68-73.

[49] 王承, 尚雪彤, 付思雨, 等. 竹纤维在纺织上的应用及发展[J]. 服装学报, 2019, 4（03）: 201-206.

[50] 姚慧. 竹子提取物在化妆品行业中的应用[J]. 中国化妆品, 2002,（2）: 78-79.

[51] 郑琼兰, 曾辉, 辉朝茂. 竹子药用价值概述[J]. 安徽农学通报, 2009, 15（8）: 224-226.

[52] 黄榕辉, 黄益江, 罗金旺. 闽北毛竹开发利用的问题与对策[J]. 中国林副特产, 1997,（3）: 33-36.

[53] 叶国红, 蒋勤峰. 毛竹产业开发的思考[J]. 中国林业经济, 2014（1）:52-54.

[54] 郑友苗. 毛竹资源及其综合利用途径[J]. 安徽农业科学, 2013, 41（31）:12348-12349.

[55] 周移开. 毛竹综合利用鼓了竹农钱袋[J]. 农村经济导刊, 2003,（3）: 45-46.

[56] 付立忠, 程俊文, 胡传久, 等. 毛竹加工废弃物栽培黑木耳的试验研究[J]. 中国食用菌, 2015, 34（2）: 36-38.

[57] 叶国红, 蒋勤峰. 毛竹产业开发的思考[J]. 中国林业经济, 2014,（1）: 52-54.

[58] 侯曼玲, 宋缤. 毛竹的食品加工利用[J]. 经济林研究, 1995,（1）: 40-42.

[59] 张宏健, 杜凡. 云南4种典型材用丛生竹宏观解剖结构与主要物理力学性质的关系[J]. 林业科学, 1999, 35（4）:66-70.

[60] Chand Navin, Dwivedi U. K. High stress abrasive wear study on bamboo[J]. Journal of Materials Processing Technology, 2007, 18（3）:155-159.

[61] Parameswaran N, Liese W. The fine structure of bamboo[C]. In Higuchi, T. ed., Bamboo production and utilization. Kyoto University, Kyoto, Japan. 1981.

[62] Grosser D, Liese W. On the anatomy of Asian bamboos, with special reference to their vascular bundles[J]. Wood Sci. Technol., 1971,（5）:290-312.

[63] 李晖, 朱一辛, 杨志斌, 等. 我国竹材微观构造及竹纤维应用研究综述[J]. 林业科技开发, 2013, 27（3）:1-5.

[64] 周芳纯. 竹材物理力学性质的研究[J]. 南京林业大学学报（自然科学版）, 1981（2）:1-32.

［65］ Suzuki K, Itoh T. The changes in cell wall architecture during lignification of bamboo［J］. Phyllostachys aurea Carr. Trees, 2001, (15): 137-147.

［66］ 杨淑敏, 江泽慧, 任海青, 等. 几种散生、丛生和混生竹材的比较解剖研究［J］. 中国造纸学报, 2011, 26 (2): 11-15.

［67］ Nordahlia, Aneeru, Hamdan. Anatomical, physical and strength properties of Shizostachyum brachycla-dum［J］. Journal of Bamboo and Rattan, 2008, (5): 197-207.

［68］ 张闻博, 费本华, 田根林, 等. 不同纬度毛竹物理力学性质的比较研究［J］. 北京林业大学学报, 2019, 41 (4):136-145.

［69］ Latif Mohmod Abd, Tarmeze Wan, Fauzidah A, et al. Anatomical features and mechanical prop-erties of three Malaysian bamboos［J］. Journal of Tropical Forest Science, 1990, 2 (3): 227-234.

［70］ 王朝晖, 江泽慧, 阮锡根. X射线直接扫描法研究毛竹材密度的径向变异规律［J］. 林业科学, 2004, 40 (3): 111-116.

［71］ 汪佑宏, 田根林, 刘杏娥, 等. 不同海拔高度对毛竹主要物理力学性质的影响［J］. 安徽农业大学学报, 2007, 34 (2): 222-225.

［72］ 王卿平, 刘杏娥, 张桂兰, 等. 竹材密度测定方法及变异规律研究进展［J］. 世界林业研究, 2016, 29 (2): 49-53.

［73］ 马灵飞, 韩红, 马乃训, 等. 丛生竹材纤维形态及主要理化性能［J］. 浙江林学院学报, 1994, 11 (3): 274-280.

［74］ 陈祖松. 福建柏人工林木材物理力学性质的试验研究［J］. 福建林学院学报, 1999, 19 (3): 223-226.

［75］ 苏文会, 顾小平, 马灵飞, 等. 大木竹竹材力学性质的研究［J］. 林业科学研究, 2006, 19 (5): 621-624.

［76］ Yu H, Fei E B, REN H, et al. Variation in tensile properties and relationship between tensile properties and air-dried density for moso-bamboo［J］. Frontiers of Forestry in China, 2008, 3 (1): 127-130.

［77］ 江泽慧. 世界竹藤［M］. 沈阳: 辽宁科学技术出版社, 2002.

［78］ 虞华强. 竹材材性研究概述［J］. 世界竹藤通讯, 2003, 1 (4):5, 9.

［79］ Sharma Bhavna, Shah Darshil U, Beaugrand Johnny, et al. Chemical composition of processed bamboo for structural applications.［J］. Cellulose (London, England), 2018, 25 (6): 2134-2146.

［80］ 吕黄飞, 陈美玲, 刘贤淼, 等. 基于微波真空干燥圆竹材含水率变化研究［J］. 木材加工机械, 2018, (1): 34-36.

［81］ A. Banjo Akinyemi, E. Temidayo Omoniyi, Godwin Onuzulike. Effect of microwave assisted alkali pretreatment and other pretreatment methods on some properties of bamboo fibre reinforced cement composites[J]. Construction and Building Materials, 2020, 24（5）: 34.2-34.9.

[82] Peralta P N , Lee A. Unsteady state diffusion of moisture in giant timber bamboo[J]. Wood and Fiber Science . 1995, 27（4）:421-427.

[83] 江泽慧, 于文吉, 余养伦. 竹材表面润湿性研究[J]. 竹子研究汇刊, 2005, 24（4）: 31-38.

[84] 于文吉. 竹材表面性能及力学性能变异规律的研究[D]. 北京:中国林业科学研究院, 2001:9.

[85] Martha L. Sánchez, William Patiño, et al. Physical-mechanical properties of bamboo fibers-reinforced biocomposites: Influence of surface treatment of fibers[J]. Journal of Building Engineering, 2020, （2）:134-145.

[86] 侯玲艳, 赵荣军, 任海青, 等. 不同竹龄毛竹材表面颜色、润湿性及化学成分分析[J]. 南京林业大学学报（自然科学版）, 2012, 36（2）: 159-162.

[87] 陈广琪, 华毓坤. 竹材表面润湿性的研究[J]. 南京林业大学学报（自然科学版）, 1992, 16（3）: 77-81.

[88] Wang Dong, Bai Tian, Cheng Wanli, et al. Surface Modification of Bamboo Fibers to Enhance the Interfacial Adhesion of Epoxy Resin-Based Compositepared by Resins Pre Transfer Molding. [J]. Polymers, 2019, 11（12）:2416-2422.

[89] Godswill C. Ajuziogu, Lawretta U. Ugwu, Eugene O. Ojua. Termicidal properties of wood extractive partitions as a prospective eco-friendly wood preservatives[J]. Journal of the Indian Academy of Wood Science, 2019, 16（1）:533-540.

[90] 汪佑宏, 王善, 王传贵, 等. 不同海拔高度及坡向毛竹主要物理力学性质的差异[J]. 东北林业大学学报, 2008, （1）: 20-22.

[91] 巫其荣, 关鑫, 林金国, 等. 冷等离子体处理工艺对竹材表面润湿性的影响[J]. 江西农业大学学报, 2017, 39（03）:535-539.

[92] 冉洪, 张辑, 张莹, 等. 厚壁毛竹等4种中国和非洲竹材的表面润湿性能研究[J]. 林业机械与木工设备, 2016, 44（05）:29-32.

[93] Kumar S , Dobriyal P B. Treatablilty and flow path studies in bamboo[J]. Wood and Fiber Science, 1992, 24（2）:113-117.

[94] 虞华强. 竹材材性研究概述[J]. 世界竹藤通讯, 2003（4）: 5-9.

[95] 钟莎, 张双保, 覃道春, 等. 毛竹含水率、基本密度和干缩性的变异规律[J]. 北京林业大学学报, 2009, 31（S1）:185-188.

[96] Tiantian Yang, Erni Ma, Jinzhen Cao. Synergistic effects of partial hemicellulose removal and furfurylation on improving the dimensional stability of poplar wood tested under dynamic condition[J]. Industrial Crops & Products, 2019, （9）:131-139.

[97] 汤玉训, 王发鹏, 黄建颖, 等. 木聚糖改性类荷叶纳米结构超疏水竹材尺寸稳定性研究[J]. 世界竹藤通讯, 2019, 17 (5): 27-33.

[98] 张亚梅, 于文吉. 热处理对竹基纤维复合材料性能的影响[J]. 林业科学, 2013, 49 (5): 160-168.

[99] 余立琴. 热处理对竹材线性干缩率的影响[J]. 林业机械与木工设备, 2013, 41 (7):32-33.

[100] 闫薇, 张彬, 傅万四, 等. 原态竹材湿热应变响应[J]. 林业科学, 2019, 55 (7):137-145.

[101] 吕黄飞, 刘贤淼, 方长华, 等. 基于微波真空干燥的圆竹材干缩性研究[J]. 林产工业, 2018, 45 (2):8-11.

[102] 南京林产工业学院竹类研究室. 竹林培育[M]. 北京: 中国农业出版社, 1974: 225-226.

[103] 王汉坤, 江泽慧, 刘杏娥, 等. 毛竹顺纹抗压强度二元预测模型的构建[C]. 中国竹藤资源利用学术研讨会论文集, 2013.

[104] Chung K F, Yu W K. Mechanical properties of structural bamboo for bamboo scaffoldings[J]. Engineering Structures, 2002, 24 (4):429-442.

[105] 陈思禹. 不同含水率状态下木材力学性能微观分析[D]. 呼和浩特: 内蒙古农业大学, 2018.

[106] Wakchaure M R, Kute S Y. Effect of moisture content on physical and mechanical properties of bamboo[J]. Asian Journal of Civil Engineering, 2012, 13 (6):753 -763.

[107] 李光荣, 辜忠春, 李军章. 毛竹竹材物理力学性能研究[J]. 湖北林业科技, 2014, 43 (5): 44-49.

[108] 高洪一, 刘艳丰. 竹材力学性能研究[J]. 中国农机化学报, 2015, 36 (6):139-142.

[109] 蔡如胜, 苏昌群, 林蕾, 等. 安徽霍山不同海拔毛竹材力学性质分析[J]. 世界竹藤通讯, 2018, 16 (3): 20-23.

[110] 汪佑宏, 王善, 王传贵, 等. 不同海拔高度及坡向毛竹主要物理力学性质的差异[J]. 东北林业大学学报, 2008, (1): 20-27.

[111] 廉超, 冉洪, 张莹, 等. 桂竹 "两相思" 竹材力学性能的研究[J]. 林业机械与工设备. 2015, 43 (9): 21-23.

[112] 俞友明, 方伟, 林新春, 等. 苦竹竹材物理力学性质的研究[J]. 西南林学院学报. 2005, (3): 66-69.

[113] 刘力, 俞友明, 林新春, 等. 苦竹竹材化学与力学性质的相关性分析[J]. 浙江林业科技, 2006, (2):19-22.

[114] 谢九龙, 齐锦秋, 周亚巍, 等. 慈竹材物理力学性质研究[J]. 竹子研究汇刊. 2011, 30 (4): 30-34.

[115] 司徒春南, 王健, 谢双喜, 等. 撑绿竹不同方向及年龄竹材物理力学性能比较[J]. 湖北农业科学, 2011, 50 (13): 2683-2685.

[116] 俞友明，杨云芳，方伟，等．红壳竹人工林竹材物理力学性质的研究[J]．竹子研究汇刊．2001，(4)：42-46．

[117] 张浩，周亮，刘盛全，等．^{60}Co辐照接枝甲基丙烯酸甲酯对竹材力学性能的影响[J]．辐射研究与辐射工艺学报，2011，29（5）：285-289．

[118] 刘军，沈强勇，金锦，等．持续施用生石灰对早竹笋品质及竹材力学性质的影响[J]．竹子学报，2019，38（1）：40-45．

[119] 夏雨，牛帅红，李延军，等．常压高温热处理对红竹竹材物理力学性能的影响[J]．浙江农林大学学报，2018，35（4）：765-770．

[120] 莫珏，马中青，聂玉静，等．高温快速热压处理对毛竹材物理力学性能的影响[J]．浙江农林大学学报，2019，36（5）：974-980．

[121] 李万菊，李怡欣，李兴伟，等．塑化改性竹材的物理力学性能及防霉性能[J]．木材工业．2018，32（2）：10-13．

[122] 杨永前，肖辉，罗承德，等．炭化处理工艺对毛竹竹片物理力学性能的影响[J]．竹子研究汇刊，2011，30（02）：23-27．

[123] 王雅梅，刘君良，王喜明，等．ACQ和CuAz防腐剂处理对竹材力学性能的影响[J]．内蒙古农业大学学报（自然科学版），2007，（1）：87-89．

[124] 刘苍伟，苏明垒，王思群．不同生长期毛竹材细胞壁力学性能与微纤丝[J]．林业科学，2018，54（1）：174-180．

[125] Cave I D, Walker J C F. Stiffness of wood in fast-grown plantation softwoods: the influence of microfibril angal[J]. Forest Products Journal, 1994, 44（5）: 43-48.

[126] 江泽慧，于文吉，余养伦．竹材化学成分分析和表面性能表征[J]．东北林业大学学报，2006，(4)：1-2．

[127] Higuehi T. Chemistry and Biochemistry of Bamboo[J]. J Bamboo 1987, （4）:132-145.

[128] 侯玲艳，赵荣军，任海青，等．不同竹龄毛竹材表面颜色、润湿性及化学成分分析[J]．南京林业大学学报（自然科学版），2012，36（2）：159-162．

[129] 徐振国，黄大勇．广西融水毛竹物理力学性质及竹材成分初步研究[J]．竹子研究汇刊，2015，34（4）：58-62．

[130] 江泽慧，于文吉，余养伦．竹材化学成分分析和表面性能表征[J]．东北林业大学学报，2006，(4)：1-2．

[131] Yang Shumin, Liu Xing'e, Fei Benhua, et al. Main Anatomy Characteristics in Cell Wall and Lignin Distribution of Bamboo Culms（Pseudosasa amabilis）[J]. Chinese Forestry Science and Technology, 2012, 11（3）:70-71.

[132] 董荣莹，王志坤，周昌平，等．紫竹不同变异类型的竹材化学成分分析[J]．竹子研究汇刊，

2009, 28（04）: 45-49.

[133] 杨英. 麻竹材化学成分影响因子的研究[J]. 华东森林经理, 2005,（2）: 11-13.

[134] 林金国, 方夏峰, 林顺德. 麻竹材化学成分的变异[J]. 植物资源与环境学报, 2000,（1）: 55-56.

[135] Timar M C, Mihai M D, Maher K, et al. Preparation of Wood with thermoplastic properties, Part 2. Simplified technologies[J]. Holzfors chung, 2000, 54（3）:77-82.

[136] Donglin Xin, Zhong Yang, Junhua Zhang, et al. Comparision of aqueous ammonia and dilute acid pretreatment of bamboo fractions: Structure properties and enzymatic hydrolysis [J]. Bioresource Technology, 2015, 175（1）: 529-536.

[137] Li Z, Yang Q, Jiang Z, et al. Comparison of bamboo green, timber and yellow in sulfite, sulfuric acid and sodium hydroxide pretreatments for enzymatic saccharification[J]. Bioresource Technology, 2014, 151（1）: 91-99.

[138] Nguila Inari G N, M Pétrissans S, Dumarcay J Lambert, et al. Limitation of XPS for analysis of wood species containing high amounts of lipophilic extractives[J]. Wood Science and Technology, 2011, 45（2）:369-382.

[139] 牛帅红. 高温热水处理对毛竹竹材性能影响的研究[D]. 杭州:浙江农林大学, 2016.

[140] 宋路路, 任慧群, 王新洲, 等. 高温饱和蒸汽处理对竹材材性的影响[J]. 林业工程学报, 2018, 3（2）:23-28.

[141] Sundqvist B, Karlssono, Wester Mark U. Determination of formic-acid and acetic acid concentrations formed during hydrothermal treatment of birch wood and its relation to color, strength and hardness [J]. Wood Science and Technology, 2006, 40（7）: 549-561.

[142] Alen R, Kuoppala E, Oesch P. Formation of the main degradation compounds groups from wood and its components during pyrolysis [J]. Journal of Analytical and Applied Pyrolysis, 1996, 36（2）: 137-148.

[143] Awoyemi L, Wester Mark U. Effects of borate impregnation on the response of wood strength to heat treatment [J]. Wood Science and Technology, 2005, 39（6）: 484-491.

[144] 汤颖, 李君彪, 沈钰程, 等. 热处理工艺对竹材性能的影响[J]. 浙江农林大学学报, 2014, 31（2）: 167-171.

[145] Windeisen E, Strobel C, Wegener G. Chemical changes during the production of thermo-treated beech wood [J]. Wood Sci Technol, 2007, 41（6）:523-536.

[146] Bhuiyan MRT, Hirai N, Sobue N. Changes of crystallinity in wood cellulose by heated treatment under dried and moist conditions[J]. J Wood Sci, 2000, 46（6）:431-436.

[147] 张亚梅. 热处理对竹材颜色及物理力学性能影响的研究[D]. 北京:中国林业科学研究院, 2010.

[148] 林勇, 沈钰程, 于利, 等. 高温热处理竹材的物理力学性能研究[J]. 林业机械与木工设备, 2012, 40 (8): 22-24.

[149] Amy L. The physic-chemical bases of the combustion of cellulose and ligneous material [J]. Cah du Centre Tech Du Bois, 2007, 45 (2): 30.

[150] Mihaela Campean, Ion Marinescu, Mihai Ispas. Influence of drying temperature upon some mechanical properties of beech wood [J]. Holz Roh Werkst, 2007, 65: 443-448.

[151] 吴自成. 冻融循环处理对重竹地板性能的影响[J]. 安徽农学通报, 2017, 23 (24): 118-120.

[152] 周吓星, 黄舒晟, 苏国基, 等. 冻融循环老化降低竹粉/聚丙烯发泡复合材料性能[J]. 农业工程学报, 2014, 30 (10): 285-292.

[153] Demir H, Atikler U, Balkose D, et al. The effect of fiber surface treatments on the tensile and water sorption properties of polypropylene lufia fiber composites[J]. Compos Part Appl S, 2006, 37: 447-456.

[154] 陈婷婷. 基于冻融处理的竹基集装箱底板工艺的研究[D]. 福州: 福建农林大学, 2016.

[155] Tamrakar S, Lopez Anido R A. Water absorption of wood polypropylene composite sheet piles and its influence on mechanical properties[J]. Construction and Building Materials, 2011, 25 (10): 3977-3988.

[156] 孙丰波, 费本华, 江泽慧, 等. γ 射线辐照处理竹材的 X 射线光谱研究[J]. 光谱学与光谱分析, 2011, 31 (6): 1717-1719.

[157] 孙丰波, 江泽慧, 费本华, 等. γ 射线辐照处理竹材化学组分及结晶度变化研究[J]. 光谱学与光谱分析, 2011, 31 (7): 1922-1924.

[158] 赵丽霞. 辐照及湿热检疫处理对竹材性状影响的研究[D]. 北京: 北京林业大学, 2016.

[159] Nair. H. U, Simonsen. J. The pressure treatment of wood with sonic waves[J]. Forest Products Journal, 1995, 45 (9): 59-65.

[160] Wheat. P. E, Curtis. K. C, Chatrathi. R. S. Ultrasonic energy in conjunction with the double- diffusion treating technique[J]. Forest Products Journal, 1996, 46 (1): 43-39.

[161] 黄志伟. 超声处理对竹材表面特性及胶合性能的影响[D]. 西南林业大学学报, 2017: 7-8.

[162] 李海涛, 张齐生, 吴刚, 等. 竹集成材研究进展[J]. 林业工程学报, 2016, 1 (6): 10-16.

[163] 周明明. 超声处理对竹材表面特性及胶合性能的影响[J]. 南京林业大学学报, 2012: 6-9.

[164] Liu Yanping, Hu Hong. X-ray Diffraction Study of Bamboo Fibers Treated with NaOH[J]. Fibers and Polymers, 2008 (9): 735- 739.

[165] Zhiqiang Li, Benhua Fei, Zehui Jiang. Effect of steam explosion pretreatment on bamboo for enzymatic hydrolysis and ethanol fermentation[J]. Bioresources. 2015, 10 (1): 1037-1047.

[166] Zhu J Y, Pan X J, Wang G S, et al. Sulfite pretreatment (SPORL) for robust enzymatic sac-

clarification of spruce and red pine[J]. Bioresource Technology, 2009, 100: 2411-2418.

[167] Rezende C A, Lima M A, Maziero P, et al. Chemical and morphological characterization of sug-arcane bagasse submitted to a delignification process for enhanced enzymatic digestibility [J]. Bio-technol Biofuels, 2011, (4): 1-18.

[168] 楚杰, 马莉, 张军华. 热处理竹材的化学成分傅里叶变换红外光谱分析[J]. 光谱学与光谱分析, 2016, 36 (11): 3557-3562.

[169] 楚杰, 张军华, 路海东. 不同化学及热处理条件下竹材结构特性分析[J]. 农业工程学报. 2016, 32 (10): 309-314.

[170] 楚杰, 马莉, 张军华, 等. XRD 与 NMR 的热处理竹材结晶性能研究[J]. 农业工程学报, 2017, 32 (6) :260-261.

[171] 赵瑞艳, 付钧钧, 孙婷. 不同软化处理方法对竹材质量的影响[J]. 佳木斯大学学报 (自然科学版), 2009, 27 (4): 637-640.

[172] 付钧钧, 赵瑞艳, 孙婷. 软化处理对竹材含水率及抗压力的影响[J]. 竹子研究汇刊. 2009, 28 (3): 42-45.

[173] Buchelt B, Dietrich T, Wagenführ A. Macroscopic and microscopic monitoring of swelling of beech wood after impregnation with furfuryl alcohol[J]. Holz als Roh und Werkstoff, 2012, 70 (70): 865-869.

[174] Rezende C A, de Lima M A, Maziero, P, et al. Chemical and morphological characterization of sugarcane bagasse submitted to a delignification process for enhanced enzymatic digestibility [J]. Biotechnol Biofuels, 2011, (4): 1-18.

[175] 赵章荣, 杨光, 傅万四, 等. 竹材防腐处理对竹材力学性能的影响[J]. 木材加工机械, 2016, 27 (4): 13-15.

[176] 于文吉, 余养伦, 江泽慧. 不同处理竹材的表面性能分析[J]. 北京林业大学学报, 2007, (1): 136-140.

[177] Theuenon M F. Protein Botates as Non-Toxic Long-Term Wide-spectrum, Ground-contact wood preservations[J]. Holzforschung, 1998, 52 (3) :241-24.

[178] A Pizz. A New Boron Fixation Mechanism for Environment Friendly Wood Preserva-tives[J]. Holzfosehung. 1996, 50 (6) :507-510.

[179] 黄慧, 贺磊, 余能富, 等. 酯化处理对竹材结构及热性能的影响[J]. 林业科技开发, 2014, 28 (4): 105-108.

[180] Ozmen N, Çetin N S. A new approach for acetylation of wood: Vinyl acetate[J]. African Journal of Pure and Applied Chemistry, 2012, 6 (6): 78-82.

[181] Goodell B, NicholasD D, Suchultz T P. Wood deterioration and preservation: advances in our

changing world[M]. Washington DC: American Chemical Society, 2003: 2-6.

[182] Sun F L, Duan X F, Mao S F, et al. Decay resistance of bamboo wood treated with chitosan metal complexes against the white rot fungus Coriolous versicolor [J]. Scientia Silvae Sinicae, 2007, 43（4）: 82-87.

[183] Lee A W C, Chen G, Tainter F H. Comparative treatability of Moso bamboo and southern pine with CCA preservative using a commercial schedule[J]. Bioresource Technology, 2001, 77（1）: 87-88.

[184] 宋广, 夏炎, 刘彬. 不同处理工艺防腐竹材的吸药性能和抗流失性能[J]. 西南林业大学学报, 2013, 33（2）:107-110.

[185] 汤宜庄, 袁亦生. 竹材防腐防霉处理研究[J]. 木材工业, 1990, 4（2）:1-6.

[186] Esteves B, Nunes L, Pereirah. Properties of furfurylated wood（Pinus pinaster）[J]. European Journal of Wood Products, 2011, 69（4）: 521-525.

[187] Epmeie R H, Johansson M, Klige R, et al. Material properties and their interrelation in chemically modified clear wood of Scots pine[J]. Holzforschung, 2007, 61（1）: 34-42.

[188] 李万菊, 王昊, 安晓静, 等. 糠醇树脂改性对竹材物理、力学及防霉性能的影响[J]. 北京林业大学学报, 2014, 36（2）: 133-138.

[189] 杜官本, 孙照斌, 黄林荣. 微波等离子体处理对竹材表面接触角的影响[J]. 南京林业大学学报（自然科学版）.2007, （4）: 33-36.

[190] 巫其荣, 关鑫, 林金国, 等. 氧冷等离子体处理对竹材表面润湿性的影响[J]. 西南林业大学学报（自然科学版）.2017, 37（4）: 188-193.

[191] 宋广, 夏炎, 刘彬. 不同处理工艺防腐竹材的吸药性能和抗流失性能[J]. 西南林业大学学报.2013, 33（2）: 107-110.

[192] 王洪艳, 李波, 赵飞, 等. 介质阻挡放电冷等离子体处理对2种竹材表面润湿性的影响[J]. 南林业大学学报, 2016, 21（2）: 168-170.

[193] 鲍领翔, 饶久平, 兰从荣, 等. 竹材等离子体处理工艺优化及其在重组竹中的应用[J]. 福建农林大学学报（自然科学版）.2014, 43（2）: 199-203.

[194] 孙正军, 程强, 江泽慧. 竹质工程材料的制造方法与性能[J]. 复合材料学报, 2008, （1）: 80-83.

[195] 高黎, 王正, 常亮. 建筑结构用竹质复合材料的性能及应用研究[J]. 世界竹藤讯, 2008, （5）: 1-5.

[196] 江泽慧, 常亮, 王正, 等. 结构用竹集成材物理力学性能研究[J]. 木材业, 2005, （04）:22-24＋30.

[197] 江泽慧, 孙正军, 费本华, 等. 分级竹层积材的湿胀性研究[J]. 江西农业大学学报（自然科学）, 2004, （05）:655-659.

［198］ 孙正军，江泽慧．竹层积材的非均匀性与纵向曲翘[J]．世界竹藤通讯，2004（01）：16-18.

［199］ 张晓春，朱芋锭，蒋身学，等．竹木复合层积材的力学性能及耐老化性能[J]．林业科技开发，2011，25（05）：55-57.

［200］ 黄晓东，谢敏芳，刘雁．竹龄对生物质风电叶片复合材料性能的影响[J]．福州大学学报（自然科学版），2011，39（1）：90-95.

［201］ 王珑，李慧，王同光．竹层积材在大型风力机叶片设计中的应用研究[J]．应用数学和力学，2013，34（10）：1040-1047.

［202］ 关明杰，刘仪，朱越强，等．超声对竹材表面性能和竹层积材胶合性能的影响[J]．竹子学报，2018，37（01）：8-15.

［203］ 赵雪松，王喜明．竹材加工新方法：曲面胶合层积技术[J]．林产工业，2005，（3）：17-19.

［204］ 刘源松，关明杰，张志威，等．木质素改性脲醛树脂对竹层积材甲醛释放量及胶合性能的影响[J]．林业工程学报，2017，2（3）：28-32.

［205］ 黄志伟，关明杰．深冷处理对竹层积材剪切强度及力学性能的影响[J]．竹子研究汇刊，2015，34（3）：39-42.

［206］ 于雪斐，孙华林，于文吉．结构用慈竹单板层积材的制备工艺与性能[J]．木材工业，2011，25（4）：1-3.

［207］ 黄志伟，关明杰．酚醛树脂面粉添加量对竹层积材剪切强度的影响[J]．竹子报，2016，35（4）：31-36.

［208］ 雍成，王路，关明杰．酚醛树脂改性对碳化竹层积材胶合强度的影响[J]．竹子研究汇刊，2014，33（01）：59-62.

［209］ 雍成，王路，关明杰．低分子量改性酚醛树脂对竹层积材剪切强度的影响[J]．林业科技开发，2014，28（02）：52-54.

［210］ R. Garcia, A. Pizzi. Cresslinked and net anglement works in the mechanical analysis of polyeondensation resins[J]. Journal of Applied Polymer Science, 1998, 70: 1111-1119.

［211］ Iswanath P, Thaehil E T. Properties of polyvinyl alcohol cement pastes[J]. Materials and Strue tures, 2008, 41:123-130.

［212］ 王戈，江泽慧，陈复明，等．我国大规格竹质工程材料加工现状与存在问题分析[J]．林产工业，2014，41（1）：48-52.

［213］ 李海栋，陈复明，王戈．竹束单板层积材连续成板预压密实化的工艺及性能[J]．东北林业大学学报，2015，43（6）：103-106.

［214］ 邓健超，陈复明，王戈，等．竹束单板层积材的吸湿性能[J]．南京林业大学学报（自然科学版），2014，38（2）：1-5.

［215］ Wei Y, Jang S X, Lv F, et al. Flexural performance of glued laminated bamboo beams[J]. Advanced Materials Research, 2011, 168 /169 /170: 1700-1703.

[216] Chen F, Jian G Z, Wang G, et al. The bending properties of bamboo bundle laminated veneer lumber (BLVL) double beams[J]. Construction and Building Materials, 2016, 119: 145 -151.

[217] Li H T, Wu G, Zhang Q S, et al. Ultimate bending capacity evaluation of laminated bamboo lumber beams[J]. Construction and Building Materials, 2018, 160: 365-375.

[218] 张丹, 任文涵, 陈复明, 等. 表层接长方式对竹束单板层积材性能的影响[J]. 东北林业大学学报, 2014, 42（06）:83-85+89.

[219] 邓健超, 张丹, 陈复明, 等. 竹束去青程度对竹束单板层积材物理力学性能的影响[J]. 东北林业大学学报, 2014, 42（12）:106-109+113.

[220] 孟凡丹, 余养伦, 祝荣先, 等. 浸胶量对纤维化竹单板层积材物理力学性能的影响[J]. 木材工业, 2011, 25（2）:1-3+7.

[221] 张文福, 王戈, 程海涛, 等. 检测方法对竹束单板层积材耐水性能测试结果的影响[J]. 林业机械与木工设备, 2012, 40（4）:23-25.

[222] 于雪斐, 祝荣先, 于文吉. 结构用纤维化竹单板层积材的耐久性能[J]. 东北林业大学学报, 2013, 41（4）:104-107.

[223] 陈国宁, 孙正军, 陈桂华, 等. 组坯方式对竹木复合层积材胶合性能的影响[J]. 中南林业科技大学学报, 2013, 33（12）:166-169.

[224] 何文, 蒋身学. 竹木复合集装箱底板表层材料的研制[J]. 中国人造板, 2006（7）:33-35.

[225] 武秀明. 竹木复合集装箱底板的设计、制造与评价[D]. 北京:中国林业科学研究院, 2015.

[226] 高黎, 王正, 常亮. 预制竹木组合墙体的保温与隔声性能[J]. 木材工业, 2010, 24（1）: 26-28.

[227] Xiao S L, Lin H, Shi Q S, et al. Optimum processing parameters for wood-bamboo hybrid composite sleepers[J]. Journal of Reinforced Plastics and Composites, 2014, 33（21）: 2010-2018.

[228] Chen F M, Wang G, Li X J, et al. Laminated structure design of wood-bamboo hybrid laminated composite using finite element simulations[J]. Journal of Reinforced Plastics and Composites, 2016, 35（22）: 1661-1670.

[229] Wu X F, Xu J Y, Xiao J X. Calculating elastic constants of binderless bamboo-wood sandwich composite[J]. Biosesources, 2015, 10（3）: 4473 -4484.

[230] 刘峻, 高建和. 基于有限元的集装箱底板静力分析[J]. 制造业自动化, 2012, 34（24）: 95-98.

[231] 胡国富. 混凝土模板用胶合板的组坯新工艺及其实际效果分析[J]. 木材业, 1996（4）: 29-32.

[232] 傅峰, 华毓坤. 组坯方式对竹帘板胶合强度的影响[J]. 南京林业大学学报, 1995（1）: 33-36.

[233] 张文福, 王戈, 程海涛, 等. 组坯结构对竹束单板层压板物理力学性能的影响[J]. 中南林业科

技大学学报，2012，32（02）：147-150.

[234]   刘学，喻云水，周蔚虹. 慈竹竹帘胶合板力学性能研究[J]. 湖南林业科技，2012，39（1）：51-53.

[235]   韩键，禹立民. 竹胶合板内部结构与性能的关系[J]. 新型建筑材料，1997（9）：17-19.

[236]   左迎峰，吴义强，肖俊华，等. 基于响应曲面优化法的重组竹热压工艺[J]. 功能材料，2016，47（11）：11196-11200.

[237]   彭亮. 含水率对竹胶合板力学性能的影响及纤维饱和点测定[J]. 湖南林业科技，2019，46（5）：28-32.

[238]   佟延飞，沈连凯，葛靖操. 高强竹胶合板模板对工程质量的影响[J]. 辽宁建材，2006（03）：44-45.

[239]   魏洋，张齐生，蒋身学，等. 现代竹质工程材料的基本性能及其在建筑结构中的应用前景[J]. 建筑技术，2011，42（5）：390-393.

[240]   李霞镇，钟永，任海青，等. 毛竹基重组竹力学性能研究[J]. 木材加工机械，2016，27（4）：28-32.

[241]   张俊珍，任海青，钟永，等. 重组竹抗压与抗拉力学性能的分析[J]. 南京林业大学学报（自然科学版），2012，36（4）：107-111.

[242]   于文吉，余养伦，周月，等. 小径竹重组结构材性能影响因子的研究[J]. 林产工业，2006，33（6）：24-28

[243]   覃道春，魏万姝，靳肖贝，等. 水洗对防霉重组竹防霉性能的影响[J]. 木材工业，2015，29（5）：43-47.

[244]   张晓春，徐君庭，蒋身学，等. 重组竹材模拟室外防霉性能的研究[J]. 竹子研究汇刊，2016，35（1）：8-12.

[245]   张建，袁少飞，范慧，等.5种防腐防霉剂对重组竹材抑菌效果影响的研究[J]. 浙江林业科技，2016，36（5）：8-12.

[246]   黄小真，蒋身学，张齐生. 竹材重组材人工加速老化方法的比较研究[J]. 中国人造板，2010（6）：25-27.

[247]   殷寿柏. 室外结构用竹集成材的胶合研究[D]. 南京：南京林业大学，2011.

[248]   Nguyen Thi，Huong Giang，张齐生. 竹集成材高频热压过程中板坯内温度的变化趋势[J]. 浙江农林大学学报，2015，32（2）：167-172.

[249]   Anwar U M K，Paridah M T，Hamdan H，et al. Effect of curing time on physical and mechanical properties of phenolic-treated bamboo strips[J]. Industrial Crops and Products，2009，29（1）：214-219.

[250]   Sulaiman O，Hashim R，Wahab R，et al. Evaluation of shear strength of oil treated laminated

bamboo[J]. Bioresource Technology, 2006, 97（18）:2466-2469.

[251] Mahdavi M, Clouston P L, Arwade S R. A low-technology approach toward fabrication of laminated bamboo lumber[J]. Construction and Building Materials, 2012, 29（4）:257-262.

[252] Zheng Y, Jiang Z H, Sun Z J, et al. Effect of microwave-assisted curing on bamboo glue strength: bonded by thermosetting phenolic resin [J]. Construction and Building Materials, 2014, 68（3）:320-325.

[253] Rosa R A, Paes J B, Segundinho P G D A, et al. Effects of preservative treatment and the adhesive on mechanical characteristics of laminated lumber of two bamboo species [J]. Scientia Forestalis, 2014, 42（103）:451-462.

[254] Takagi H, Matsukawa H, Nakagaito A N. Shear strength evaluation of laminated binderless bamboo composites [J]. Materials Science Forum, 2013 , 750:108-111.

[255] Shanna B, Gatoo A, Bock M, et al. Engineered bamboo for structural applications [J]. Construction and Building Materials, 2015, 81:66-73.

[256] Sinha A, Way D, Mlasko S. Structural performance of glued laminated bamboo beams [J]. Journal of Structural Engineering, 2014, 140（1）:896-912.

[257] 魏洋, 张齐生, 蒋身学, 等. 现代竹质工程材料的基本性能及其在建筑结构中的应用前景[J]. 建筑技术, 2011, 42（5）: 390-393.

[258] Gonzalez-Garcia S, Feijoo G, Heathcote C, et al. Environmental assessment of green hardboard production coupled with a laccase activated system[J]. Journal of Cleaner Production, 2011, 19（5）:445-453.

[259] 王爱华. 竹/木质产品生命周期评价及其应用研究[D]. 北京:中国林业科学研究院, 2007.

[260] 杨晓梦. 基于 LCA 理论的竹制家具产品的评价与设计研究[D]. 哈尔滨:东北林业大学, 2014.

[261] Atish Bajpai, Nelson Ekane, Xiangjun Wang. A comparative life cycle assessment of a wooden house and a brick house[C]. Life Cycle Assessment（IN1800）Royal Institute of Technology, Stockholm.

[262] Richard J. Murphy, David Trujillo, Ximena Londono. Life cycle assessment of a Guadua house [C]. Symposia International Guadua 2004, Pereira Colombia.

[263] Gerfried Jungmeier, Frank Werner, Anna Jarnehammar, et al. Allocation in LCA of wood-based products: Experiences of cost action E9[J]. The International Journal of Life Cycle Assessment, 2002, 7（5）:290-294.

[264] Pablo Van der Lug, Andy van den Dobbelsteen, Ruben Abrahams. Bamboo as a building material alternative for Western Europe? A study of the environmental performance, costs and bottlenecks of the use of bamboo（products）in Western Europe[J]. Journal of Bamboo and Rattan, 2003,

2（3）:205-223.

[265] Beatriz Rivela, Almudena Hospido, Teresa Moreira, et al. Life cycle inventory of particleboard: A study in the wood sector[J]. The International Journal of Life Cycle Assessment, 2006, 11（2）: 106-113.

[266] Silva D, Lahr F, Garcia R P, et al. Life cycle assessment of medium density particleboard（MDP）produced in Brazil[J]. International Journal of Life Cycle Assessment, 2014, 18（7）: 1404-1411.

[267] Rivela B, Hospido A, Moreira T, et al. Life Cycle Inventory of Particleboard: A Case Study in the Wood Sector[J]. International Journal of life Cycle Assessment, 2006, 11（2）:106-113.

[268] Vidal R. Martinez P. Carrain D. Life cycle assessment of composite materials made of recycled thermoplastics combined with rice husks and cotton linters[J]. International Journal of Life Cycle Assessment, 2008, 14（1）:73-82.

[269] Pan Y, Shen J, Wang Y. Study on Environmental Impact Assessment of Wood-Based Panel Based on LCA Method[J]. Bioinformatics and Biomedical Engineering（ICBBE）, 5th Inter national Conference on 2011, 2011:1-4.

[270] 余翔. 竹集成材地板和竹重组材地板生命周期评价（LCA）比较研究[D]. 福建农林大学, 2011.

[271] 杨晓梦, 孙建平, 刘志佳, 等. 绿色竹制家具生命周期评价的模式构建[J]. 森林工程, 2014, 30（01）:174-177.

[272] 孙昆. 基于低碳理念的竹材料家具设计研究[D]. 北京:北京服装学院, 2016.

[273] 黄东梅, 周培国, 张齐生. 竹结构民宅的生命周期评价[J]. 北京林业大学学报, 2012, 34（5）: 148-152.

[274] 代倩, 胡家航, 姬晓迪, 等. 建筑用集成材制造技术的环境效能影响[J]. 林业工程学报, 2018, 3（4）:46-50.

[275] 竹材物理力学性质试验方法: GB/T 15780—1995. 北京: 中国标准出版社, 1995.

[276] 张闻博, 费本华, 田根林, 等. 不同维度毛竹物理力学性质的比较研究[J]. 北京林业大学学报, 2019, 41（4）:136-145.

[277] 邓友生, 程志和. 竹材结构的抗压试验研究[J]. 科学技术与工程, 2018, 18（27）:223-227.

[278] 造纸原料综纤维素含量的测定: GB/T 2677.10—1995. 北京: 中国标准出版社, 1995.

[279] 造纸原料酸不溶木素含量的测定: GB/T 2677.8—1994. 北京: 中国标准出版社, 1994.

[280] 造纸原料多戊糖含量的测定: GB/T 2677.9—1994. 北京: 中国标准出版社, 1994.

[281] 造纸原料有机溶剂抽出物含量的测定: GB/T 2677.6—1994. 北京: 中国标准出版社, 1994.

[282] 赵敏, 陈瑞英. 2种条纹乌木木材的构造特征[J]. 森林与环境学报, 2016, 36（3）:289-294.

[283] 郭明辉. 红松人工林木材解剖特征的径向变异[J]. 东北林业大学学报, 2001, 29（4）:12-15.

[284] 陈潇俐, 袁雨, 潘彪, 等. 太仓半泾河古船船体用材鉴定与分析[J]. 文物保护与考古科学, 2019, 31（5）:75-83.

[285] de Luna Bruna N, Freitas Maria de F, Barros Claudia F. Systematic and phylogenetic implications of the wood anatomy of six Neotropical genera of Primulaceae[J]. Plant Systematics & Evolution, 2018, 304（6）:775-791.

[286] Cláudia Fontana, Gonzalo Pérez de Lis Castro, Luiz Santini-Junior, et al. Wood anatomy and growth ring boundaries of Copaifera lucens（Fabaceae）[J]. IAWA Journal. 2018, 39（4）: 395-405.

[287] Deng J C, Chen F M, Wang G, et al. Variation of parallel-to-grain compression and shearing properties in moso bamboo culm（Phyllostachys pubescens）[J]. Bioresources, 11（1）: 1784-1795.

[288] Ribeiro R A S, Ribeiro M G S, Miranda I P A. Bending strength and nondestructive evaluation of structural bamboo[J]. Construction and Building Materials, 2017, 146（15）:38-42.

[289] Zhang X X, Li J H, Yu Z X, et al. Compressive failure mechanism and buckling and analysis of the graded hierarchical bamboo structure[J]. Journal of Material Science, 2017, 52（12）: 6999-7007.

[290] Mackenzie-Helnwein P, Eberhardsteiner J, Mang H A. A multi-surface plasticity model for clear wood and its application to the finite element analysis of structural details[J]. Computational Mechanics, 2003, 31（1-2）:204-218.

[291] Peng G Y, Jiang Z H, Liu X E, et al. Detection of complex vascular system in bamboo node by X-ray mu CT imaging technique[J]. Holzforschung, 2014, 68（2）:223-227.

[292] Huang P X, Chang W S, Ansell M P, et al. Density distribution profile for internodes and nodes of Phyllostachys edulis（Moso bamboo）by computer tomography scanning[J]. Construction and Building Materials, 2015, 93:197-204.

[293] Zhang Y, Du J J, Guo X Y, et al. Three-dimensional visualization of vascular bundles in stem nodes of maize[J]. Fresenius Environmental Bulletin, 2017, 26（5）:3395-3401.

[294] 邓健超, 张丹, 陈复明, 等. 竹束去青程度对竹束单板层积材物理力学性能的影响[J]. 东北林业大学学报, 2014, 42（12）:106-109, 113.

[295] 黄河浪, 卢晓宁, 薛丽丹, 等. 用氧等离子体处理改善竹地板胶合性能[J]. 浙江林学院学报, 2006, 23（5）:486-490.

[296] 张巧玲, 曾钦志, 颜志强, 等. 不同刨削深度毛竹材弦切面的润湿性能[J]. 福建林业科技, 2013, 40（4）:25-27, 55.

[297] 高伟，罗艳丽，甘卫星，等. 竹材表面润湿性能研究[J]. 安徽农业科学，2012，40（35）：17322-17326.

[298] 巫其荣，关鑫，林金国，等. 冷等离子体处理工艺对竹材表面润湿性的影响[J]. 江西农业大学学报，2017，39（3）：535-539.

[299] 梁坚坤，李浙星，李权，等. 厚壁毛竹的主要化学成分及其稀酸水解成分分析[J]. 西南林业大学学报（自然科学），2019，39（4）：161-165.

[300] 黄曹兴，房伶晏，赖晨欢，等. 不同预处理对毛竹木质素抗氧化性的影响[J]. 林业工程学报，2018，3（3）：73-80.

[301] 胡莉芳，何鸿伟，张宇，等. 微波辅助离子液体 EmimOAc 提取毛竹木质素[J]. 化工进展，2019，38（9）：4352-4360.

[302] 黄曹兴，何娟，闵斗勇，等. 毛竹竹青和竹黄半纤维素的提取与结构表征[J]. 林产化学与工业，2015，35（5）：29-36.

[303] Peng Pai, Peng Feng, Bian Jing, et al. Isolation and structural characterization of hemicelluloses from the bamboo species Phyllostachys incarnata Wen[J]. Carbohydrate Polymers, 2011, 86（2）：883-890.

[304] Yuan Tong-qi, Xu Feng, Sun Run-cang, et al. Structural and physico-chemical characterization of hemicelluloses from ultrasound-assisted extractions of partially delignified fast-growing poplar wood through organic solvent and alkaline solutions[J]. Biotechnology Advances, 2010, 28（5）：583-593.

[305] Wedig C L, Jastcr E H, Moore K J. Hemicellulose monosaccharide composition and in vitro disappearance of orchard grass and alfalfa hay[J]. Journal of Agriculture and Food Chemistry, 1987, 35（2）：214-218.

[306] 郑蓉. 不同海拔毛竹竹材化学组成成份分析[J]. 浙江林业科技，2001，21（1）：17-20.

[307] 刘磊，廖红霞，苏海涛，等. 毛竹等6种竹材的天然耐久性试验[J]. 广东林业科技，2005，21（2）：6-8，13.

[308] 刘志明，蒋乃祥，任海清. 不同竹龄毛竹二氯甲烷提取物化学组成分析[J]. 东北林业大学学报，2009，37（9）：36-37，40.

[309] 鲁顺保，申慧，张艳杰，等. 厚壁毛竹的主要化学成分及热值研究[J]. 浙江林业科技，2010，30（1）：57-60.

[310] 洪宏，喻云水，周蔚虹，等. 毛竹薄壁组织抽提物成分的 GC-MS 分析[J]. 中南林业科技大学学报，2015，35（6）：114-117，123.

[311] 关明杰，高婕，朱一辛. 湿热环境下丛生竹与毛竹地板的尺寸稳定性[J]. 南京林业大学学报（自然科学版），2009，2：90-94.

[312] 张晓春，徐君庭，蒋身学，等．热处理重组竹材的吸湿平衡含水率和尺寸稳定性[J]．木材工业，2016，30（5）：35-37．

[313] 丁涛，顾炼百，蔡家斌．热处理对木材吸湿特性及尺寸稳定性的影响[J]．南京林业大学（自然科学版），2015，2：143-147．

[314] 李金朋，钱京，何正斌，等．热处理温度对酸枣木尺寸稳定性及抽提物的影响[J]．北京林业大学学报，2018，46（4）：43-48．

[315] 蔡绍祥，王新洲，李延军．高温水热处理对马尾松木材尺寸稳定性和材色的影响[J]．西南林业大学学报，2019，39（1）：160-165．

[316] Bekhta P, Niemz P. Effect of high temperature on the change in color, dimensional stability and mechanical properties of spruce wood[J]. Holzforschung, 2003, 57（5）：539-546.

[317] 李延军，唐荣强，鲍滨福，等．高温热处理杉木力学性能与尺寸稳定性研究[J]．北京林业大学学报，2010，32（4）：232-236．

[318] Esteves B, Marques A V, Domingos I, et al. Influence of steam heating on the properties of pine（Pinus pinaster）and eucalypt（Eucalyptus globules）wood[J]. Wood Science and Technology, 2007, 41（3）：193-207.

[319] 木材吸水性测定方法：GB/T 1934.1—2009. 北京：中国标准出版社，2009.

[320] 木材湿胀性测定方法：GB/T 1934.2—2009. 北京：中国标准出版社，2009.

[321] 人造板及饰面人造板理化性能试验方法：GB/T 17657—2013. 北京：中国标准出版社，2013.

[322] 张大同．扫描电镜与能谱仪分析技术[M]．广州：华南理工大学出版社，2009.

[323] 郭素枝．扫描电镜技术及其应用[M]．厦门：厦门大学出版社，2006.

[324] 祁景玉．X 射线分析结构[M]．上海：同济大学出版社，2003.

[325] 王培铭，许乾慧．材料研究方法[M]．北京：科学出版社，2006.

[326] 马晓娟，黄六莲，陈礼辉，等．纤维素结晶度的测定方法[J]．造纸科学与技术，2012，2：75-78．

[327] 韦双颖，顾继友，王砥．湿固化胶接高含水率桦木的润湿性能与胶接性能的关系[J]．林产工业，2010，5：13-16．

[328] 刘元．热处理对水与木材接触角的影响[J]．中南林学院学报，1993，13（2）：136-141．

[329] Baharoğlu M, Nemli G, Sari B, et al. The influence of moisture content of raw material on the physical and mechanical properties, surface roughness, wettability, and formaldehyde emission of particleboard composite[J]. Composites Part B：Engineering, 2012, 43（5）：2448-2451.

[330] 冯静，施庆珊，黄小茉，等．冻融循环对木塑复合材料质量和防霉性能的影响[J]．塑料工业，2013，4（6）：83-86．

[331] 何强，李大纲，吴春渝，等．冻融处理对竹塑复合材料抗弯性能的影响[J]．贵州化工，2010，

35（1）:16-18.

[332] Sharma B, Bauer H, Schickhofer G, et al. Mechanical characterization of structural laminated bamboo[J]. Proceedings of Institution of Civil Engineers-Structures and Buildings, 2017, 170（4）:250-264.

[333] Guan X, Yin H N, Liu X S, et al. Development of lightweight overlaid laminated bamboo lumber for structural uses[J]. Construction and Building Materials, 2018, 188:722-728.

[334] Munis R A, Camargo D A, de Almeida A C. Parallel compression to grain and stiffness of cross laminated timber panels with bamboo reinforcement［J］. Bioresources, 2018, 13（2）:1930-2126.

[335] Shangguan W W, Gong Y C, Zhao R J, et al. Effects of heat treatment on the properties of bamboo scrimber[J]. Journall of Wood Science, 2016, 62（5）:383-391.

[336] Li Y J, Huang C J, Wang L, et al. The effects of thermal treatment on the nanomechanical behavior of bamboo（Phyllostachys pubescens Mazel ex H. de Lehaie）cell walls observed by nanoindentation, XRD, and wet chemistry[J]. Holzforschung, 2017, 71（2）:129-135.

[337] Saikia P, Dutta D, Kalita D, et al. Improvement of mechano-chemical properties of bamboo by bio-chemical treatment[J]. Construction and Building Materials, 2015, 101:1031-1036.

[338] 费本华, 唐彤. 基于桐油热处理的竹材理化性质研究[J]. 世界竹藤通讯, 2019, 17（5）:73-77.

[339] Okon K E, Lin F C, Chen Y D, et al. Decay resistance and dimensional stability improvement of wood by low melting point alloy heat treatment[J]. Journal of Forestry Research, 2018, 29（6）:1797-1805.

[340] Hwang S S, Sohn M, Park H I, et al. Effect of the heat treatment on the dimensional stability of Si electrodes with PVDF binder[J]. Electrochimica Acta, 2016, 211: 356-363.

[341] Chu D M, Mu J, Zhang L, et al. Promotion effect of NP fire retardant pre-treatment on heat-treated poplar wood. Part 1: color generation, dimensional stability, and fire retardancy[J]. Holzforschung, 2017, 71（3）:207-215.

[342] Dubey M K, Pang S S, Chauhan S, et al. Dimensional stability, fungal resistance and mechanical properties of rediata pine after combined thermo-mechanical compression and oil heat-treatment[J]. Holzforschung, 2016, 70（8）:793-800.

[343] Cheng D L, Li T, Smith G D, et al. The properties of moso bamboo heat-treated with silicon oil[J]. European Journal of Wood and Wood Products, 2018, 76（4）:1273-1278.

[344] Tang T, Chen X F, Zhang B, et al. Research on the physic-mechanical properties of moso bamboo with thermal treatment in tung oil and its influencing factors[J]. Materials, 2019, 12（4）.

[345] Zhang Y M, Yu Y L, Yu W J. Effect of thermal treatment on the physical and mechanical proper ties of phyllostachys pubescen bamboo[J]. European Journal of Wood and Wood Products, 2013, 71 (1):61-67.

[346] 田黎敏, 勒贝贝, 郝际平. 现代竹结构的研究与工程应用[J]. 工程力学, 2019, 35 (5): 1-18, 27.

[347] 赵博文, 于丽丽, 李晖, 等. 竹质包装材料应用研究进展[J]. 林产工业, 2019, 46 (1):3-6.

[348] Sharma B, Gatoo A, Bock M, et al. Engineered bamboo for structural applications[J]. Construction and Building Materials, 2015, 81:66-73.

[349] Huang Z J, Sun Y M, Musso F. Experimental study on bamboo hygrothermal properties and the impact of bamboo-based panel process[J]. Construction and Building Materials, 2017, 155:1112-1125.

[350] 宋菁. 福建出口竹木制品产业发展分析[J]. 农业开发与装备, 2016, 1:10, 12.

[351] 黄广华, 陈瑞英, 陈居静. 巴里黄檀木材解剖构造、颜色及接触角研究[J]. 西北林学院学报, 2019, 34 (2):234-239.

[352] 尚莉莉, 孙正军, 江泽慧, 等. 毛竹维管束的截面形态及变异规律[J]. 林业科学, 2012, 12:16-21.

[353] 杨晓梦, 柴源, 刘焕荣, 等. 毛竹竹秆及圆竹尺寸分级初探[J]. 林业工程学报, 2019, 4 (4):53-58.

[354] 李俊, 孙正军, 许敏敏. 毛竹竹青片抗弯性能评价及分级[J]. 林业机械与木工设备, 2013, 8:47-49.

[355] 李俊, 孙正军. 毛竹各向异性和径向梯度变异对拉伸剪切强度的影响[J]. 中南林业科技大学学报, 2013, 5:120-123.

[356] 林福地, 陈颖辉, 戴志峰. 竹节对竹材抗压力学性能影响的试验研究[J]. 竹子学报, 2019.

[357] 邓友生, 程志和. 竹材结构的抗压试验研究[J]. 科学技术与工程, 2018, 18 (27):223-227.

[358] 汪佑宏, 王善, 王传贵, 等. 不同海拔高度及坡向毛竹主要物理力学性质的差异[J]. 东北林业大学学报, 2008, 36 (1):20-22.

[359] Zhang X X, Yu Z X, Yu Y, et al. Axial compressive behavior of moso bamboo and its components with respect to fiber-reinforced composite structure[J]. Journal of forest research, 2019, 30 (6):2371-2377.

[360] 方徐勤, 王传贵, 张双燕. 冬夏采伐期毛竹主要物理力学性能的对比[J]. 东北林业大学学报, 2019, 47 (2):70-73.

[361] 程秀才, 张晓冬, 张齐生, 等. 四大竹乡产毛竹弯曲力学性能的比较研究[J]. 竹子研究汇刊, 2009, 28 (2):34-39.

［362］　Li H T, Zhang Q S, Huang D S, et al. Compressive performance of laminated bamboo[J]. Com-

　　　　posites: Part B, 2013, 54:319-328.

［363］　刘春泽, 李国斌. 热工学基础[M]. 3 版. 北京: 机械工业出版社, 2015.

［364］　Pehnt M. Dynamic life cycle assessment（LCA）of renewable energy technologies[J]. Renewable

　　　　Energy, 2006, 31（1）:55-71.

［365］　Jinwen Hu, Youping Yan, Fatih Evrendilek, et al. Combustion behaviors of three bamboo resi-

　　　　dues: Gas emission, kinetic, reaction mechanism and optimization patterns[J]. Journal of Clean-

　　　　er Production, 2019,（235）:549-561.

［366］　煤的发热量测定方法: GB/T 213—2008. 北京: 中国标准出版社, 2008.

［367］　天然气:GB 17820—2012. 北京: 中国标准出版社, 2012.